湛庐 CHEERS

与最聪明的人共同进化

HERE COMES EVERYBODY

U0351697

CHEERS
湛庐

1立方厘米
银河系的我

［美］大卫·伊格曼（David Eagleman） 著　　钱　静　译

INCOGNITO

浙江科学技术出版社·杭州

测一测

潜意识如何帮助决策？

扫码加入书架
领取阅读激励

- 在非常熟悉的环境中，我们大脑最活跃的部分是：（单选题）

    A. 下意识

    B. 潜意识

    C. 动机意识

    D. 精密逻辑意识

扫码获取
全部测试题及答案，
一起了解自我的奥秘

- 意识在我们的决策过程中扮演什么角色？（单选题）

    A. 决策的主要执行者

    B. 提供决策的逻辑基础

    C. 为决策提供后期的解释和理由

    D. 控制所有生活和生存决策

- 直觉在做出决策的过程中扮演了什么角色？（单选题）

    A. 直觉可能比意识更先一步做出有利决策

    B. 直觉不可靠，因为它不是基于逻辑和事实的

    C. 直觉能代替意识，直接指导人们的决策

    D. 直觉只是一种情绪反应，不能帮助决策

扫描左侧二维码查看本书更多测试题

大卫·伊格曼
DAVID EAGLEMAN

享誉全球的脑科学家
杰出的脑科学大众传播者
科技创新实践引领者

大卫·伊格曼或许是当今最出色的科学家和小说家。
——斯图尔特·布兰德

"摔"出来的脑科学家

8岁那年，伊格曼到离家不远的一个工地"翻墙头"，不小心从墙头上掉了下来，导致他的鼻骨骨折。这一摔不过短短几秒钟，但当时伊格曼却感觉时间变慢了。即使40多年后的今天，他对当时的感觉依旧记忆深刻，并将它形容为"爱丽丝在兔子洞里翻滚时的感受"。这次特殊的经历，激发了伊格曼对时间感知的兴趣，引领他日后从事该方面的研究，并最终成为该领域最有话语权的专家之一。

时间变慢背后的原理是：身处危机之时，我们会对时间产生预期判断，多数情况下我们是在"回顾"时间，所以时间的长短体现的是记忆的密度。后来，伊格曼多次亲身尝试"零重力式蹦极"，成功地测试了这种时间感知差，验证了童年时期令他印象深刻的特殊体验。

如今，伊格曼已经是斯坦福大学的神经科学家，以感觉替代、时间感知、大脑可塑性、联觉和神经法学方面的工作而闻名，这次经历也被他写进了《皱巴巴果冻的绚丽人生》一书中。该书影视版《大脑的故事》（*The Brain with David Eagleman*）由他亲自执导，并获艾美奖提名。

伊格曼还是广受欢迎的 TED 演讲者、古根海姆学者奖获得者，同时也是美国心智科学基金会的首席科学顾问。他曾获通信理论领域的最高荣誉克劳德·E. 香农奖和麦戈文生物医学传播杰出奖，以及美国神经科学学会授予的极具影响力的年度科学教育者奖。

烧脑神剧背后的科学顾问

在《西部世界》第一季制作期间，伊格曼碰巧正与其中一位剧作家交流。得知该剧组没有科学顾问后，他亲自飞往洛杉矶，同该剧的编剧和制片人展开了长达 8 小时的讨论，对剧中的核心问题提出了出色的洞见。

到了第二季，该剧开始探讨"自由意志"的本质问题，这正是伊格曼最熟悉的研究领域，所以他亲自担任了这一季的科学顾问。在编剧阶段，伊格曼与编剧和制片人就"记忆""意识""人工智能的各种可能性"等问题展开了头脑风暴，以科学视角完善了这个令人脑洞大开的科幻故事。

此外，他还担任过罪案剧《罪案第六感》（*Perception*）的科学顾问。通过这些影视作品，伊格曼将科学的声音带给了更广泛的受众。

脑科学创新实践的领军人

除了研究脑科学的理论，伊格曼更致力于脑科学成果的创新实践与商业应用。他目前是两家知名科技公司 BrainCheck 和 Neosensory 的联合创始人。

BrainCheck 是一个移动平台，已被数千个医生办公室和医院系统采用，以评估与痴呆或脑震荡相关的认知变化，该公司被评为 2017 年最具投资价值的初创企业之一。

Neosensory 开发的新感官背心用于增强人的感知，以帮助聋哑人、盲人等有感知缺陷的人提升其他器官的感知力，也可以用于虚拟现实场景。如今，新感官背心在硅谷技术的支持下，已浓缩为手表大小的腕带，使用起来更便捷，并获得了《快公司》2021 年"改变世界创意大奖"。

伊格曼还发明了用于认知障碍的早期检测和验证的设备，并获得了专利。同时，他还是许多优秀的初创公司的科学顾问，包括 NextSense、Neurable、Tenyx、Skywalk、Ampa 等。

文笔惊艳、想象奇崛的科普明星

目前，伊格曼已在《自然》《科学》等世界知名期刊上发表学术论文 120 余篇，是多家科学期刊的编辑委员会成员。他也为《纽约时报》《发现》《大西洋月刊》《连线》《新科学家》等杂志撰稿，并经常在美国全国公共广播电台和英国广播公司中发表演讲，讨论科学界的新鲜事和重要事件。

除了学术著作，伊格曼还热衷于大众科普，出版了许多畅销书。除了前文提到的《皱巴巴果冻的绚丽人生》，他的最新作品《粉红色柔软的学习者》更是获得普利策奖提名，《哈佛商业评论》称这本书"完全颠覆了我们对大脑运作过程的基本认识"。

《1 立方厘米银河系的我》则是《纽约时报》评选出的畅销书，也是施瓦辛格的枕边书；《三磅褶皱的创造力》是伊格曼与音乐大师安东尼·布兰德合著的变革性力作；《死亡的故事》刚出版就登顶《纽约时报》畅销榜，被翻译成 30 多种语言，并多次被改编为歌剧、电影。

此外，伊格曼曾登上意大利 *Style* 杂志封面，被评为最聪明的创意人之一。《纽约观察家报》更是将他比肩哥白尼："一个充满魅力的科普者……伊格曼志在为心智科学领域做出哥白尼在天文学领域所做的同等革命性贡献。"

作者相关演讲洽谈，请联系
BD@cheerspublishing.com

更多相关资讯，请关注

湛庐文化微信订阅号

 湛庐CHEERS 特别制作

柔以克刚的三重智慧

洪　波
清华大学医学院教授、为先书院院长

你读这本书的时候，大概是坐在温暖阳光照着的阳台上，或者是咖啡馆一角混合着香气的音乐中，或者是地铁里拥挤而嘈杂的人群中……大卫·伊格曼也许和你一样在充满颜色、声音、气味、触觉的世界中思考这些感觉是从哪里来的：为什么我们的大脑把这些外部世界的输入收拾得如此井井有条？为什么我们可以充满兴趣地去读一本新书、尝试一种新口味的咖啡、到一个陌生的城市旅行、练习游泳或者瑜伽，甚至学习一门新的语言？

这一切的秘密都在动态重连的大脑中，或者更准确地说，在动态重连的大脑新皮质里。近千亿神经元褶皱地挤在一起，看不出有什么了不起的规律，但你我丰富的感觉、运动、记忆、语言、意识，这一切不可思议的东西，都来自其中！伊格曼和我一样对脑科学痴迷，研究大脑的可塑性、联觉、时间感知，但他不同寻常地同时拥有文学学位，是一位非常受人欢迎的科普作家，善于轻松而愉悦的写作。他在纪录片《大脑的故事》中用极富感染力的语言，雄辩地说明，我们眼前的世界只是大脑根据有限的输入自主构建出来的"神经现实"，这个构建的"现实"合理有序，归功于不断改变的神经连接。这些不断改变的神经连接，赋予这个"神经现实"以意义。

探索人脑之谜不容缺失的思考维度

笛卡尔的时代，人们认为大脑是水泵一样的机械装置，思想和灵魂可以在其中流动；冯·诺伊曼的时代，人们认为大脑是执行计算的电路，进行着和数字逻辑一样的运算；进入互联网和人工智能时代，人们笃定地认为人脑是神经元组成的网络，甚至按照这个"网络"隐喻造出了人工的大脑，也就是人工智能。这些隐喻作为认知框架，很好地指引了人们探索人脑奥秘的道路。可是这些隐喻，缺失一个重要的思考维度——大脑是活的机器、活的网络，神经元之间的连接时刻在变化。从开头读到这里，你的大脑中千万个神经元之间的连接已经被我的文字改变了。这种动态重连的改变恰恰是人脑之谜的关键所在，也是今天的人工智能所望尘莫及的。人工智能大模型今天正在纠结的是，究竟在训练阶段还是推理阶段投入更多算力？对于人脑，训练和推理是同时完成的，每次推理可能都在改变连接权重。人工智能机械地采用反向传播、强化学习这样的策略去离线改变人工神经元的连接，试图让智能体以不变应万变，实在有些莽撞而过于使用蛮力。

生物大脑，特别是人的大脑，不仅在看得见的形态上是柔软的，在看不见的机理上也是柔软的。湛庐这次重磅推出的大卫·伊格曼"自我进化"四部曲——《粉红色柔软的学习者》《1立方厘米银河系的我》《皱巴巴果冻的绚丽人生》《三磅褶皱的创造力》，正是向读者揭示大脑"柔以克刚"的智慧。我从这一套书里读到了如下三重智慧，分享给大家作为阅读的框架。与此同时，我又想特别申明，伊格曼的每一本书都是一张网，有独特清晰的主干观点，也藏着很多隐秘而有趣的故事和灵感，等着你去发现。

与众不同的神经地图塑造独特的你

第一重智慧是神经元相互竞争，带来大脑多样性，塑造独特的个体。神经生物学的研究，大都指向一个规律：大脑皮质下的神经核团基本是由基因决定的硬连接（hardwired），是从海洋鱼类直到灵长类，长期适应环境遗传和变异的产物，人类自然是很好地继承了这笔智慧的遗产，你的大脑中也存在喜爱高能量食物、贪于享受、逃避危险、恐惧未知、害怕孤独的神经回路，而且你很难改变这些硬连接神经回路，它们并不柔软灵活，大部分时候你只能向它们妥协。从灵长类开始，大脑皮质快速膨胀，甚至颅骨容不下突然增多的神经元，原本平坦的大脑皮质表面被迫形成褶皱，展开的面积大概相当于 4 张 A4 纸。在这 4 张 A4 纸的面积上，神经元始终在动态重连（livewired），不断相互竞争，"攻城略地"，从而塑造了每个人独特的大脑。

《粉红色柔软的学习者》这本书通过神经外科大师怀尔德·彭菲尔德（Wilder Penfield）的"小矮人"大脑地图、断臂将军的幻肢痛、实验室中被切断神经连接的猴子大脑图谱的变化等传奇故事，以及大量盲人、聋人感觉替代的例子，形象地说明来自外界的各种感觉输入，不断争夺大脑皮质这几张 A4 纸上的领地。教科书里大脑皮质的功能图谱，其实大大简化了真实大脑的复杂性。几乎每个人的大脑皮质功能分区都是不一样的，你的后天经历塑造了这张与众不同的"神经地图"。你是宇宙间与众不同的那一个，很大程度上是因为你的独特神经连接，而不仅仅是你的遗传基因。最重要的是，大脑皮质神经连接是"柔软可变"的，你可以通过主动的选择来改变你的神经地图，进而成为更好的自己。当然，很有可能，因为一万小时的努力，你的大脑皮质某个地方会比常人多出一个 Ω 状的褶皱。

主动改变的神经网络助你高效决策

第二重智慧是神经网络主动改变，应对不确定性，让人类成为万物之灵。我们大脑皮质网络的神经元数量有限，能量消耗大抵和几十瓦的灯泡相当，所以无法像人工智能那样贪婪地扩张硬件。一个堪称奇观的秘密，就是一张不断改变的神经网络。用数学的语言来说，你的大脑皮质网络的连接矩阵元素是可变的。这些可变的矩阵元素承载了你在街上认出好友的计算机制，也承载了你网上购物反复比选权衡的决策机制，更承载了去年夏天某段旅行的美好回忆，所有这些都是动态的，如流水一般，而不是一个个静态符号，或者一张张图片。这种改变不是后台大量数据训练的结果，而是你每次经历、每个动作、每次决策实时塑造的。正如伊格曼在《1立方厘米银河系的我》这本书里提到的，大脑皮质网络那如银河系般绵密的神经连接，会不断根据外界的刺激和内在的选择重塑自我，不仅在应对不确定性时展现出高度的灵活性，更是在每一次决策中主动预测并实时进行调整。一种被称为"主动推理"的理论认为，生物大脑是在主动预测下一时刻要经历的事情，而不是被动处理。也就是说，我们大脑皮质的神经连接在看到、听到、摸到事物之前就已经改变了。"从根本上说，大脑就像一台预测机器，驱动自身不断自我重塑。"

人类能够如此灵活地应对迅速变化的环境，处理世界的不确定性，正是因为背后的生物学机制在不断完善中。起码我们已经知道，描述神经突触连接如何因为神经活动而改变的赫布法则——一起放电的神经元之间的连接就会增强，先后放电的时机很重要，正如你和好朋友之间总是快速响应，有求必应；乙酰胆碱这类化学分子也在背后调节神经可塑性，心情愉快、主动积极的学习，会通过乙酰胆碱来提高神经连接的可塑性，当然，奖励也是促进神经连接重组的关键因素。

《皱巴巴果冻的绚丽人生》这本书刚好提到了在生命的不同阶段，这种神经可塑性的规律不尽相同：刚出生时大脑皮质有点像一团乱麻，随后因为大量信息的涌入而迅速裁剪神经连接；然后是一段敏感的时间窗口，大致在六七岁以前，负责视觉、听觉、语言、运动的这些神经网络极度可塑，所谓"天纵英才"大概就是得益于这些窗口。这段时间应该是孩子们充分玩耍、和真实世界亲密互动的最佳时间窗口。也许我们的家长应该反思一下，是不是亲手扼杀了自己身旁的小天才。伊格曼还讨论了一个辩证的问题，既然大脑皮质如此多变，那是什么机制让我们的大脑保持稳定性，从而确保我们每个人的行为模式是稳定可靠的？这部分的讨论与我心有戚戚焉，从快到慢不同层次的可塑性也许是可能的机制，我的实验室几位博士生也正在从脑网络动力学角度研究这个问题。

动态重连的大脑塑造文明奇迹

第三重智慧是人脑动态重连，让我们超越现实，塑造文明。在《三磅褶皱的创造力》这本书中，伊格曼指出，我们的大脑一方面试着用预测世界的方式来节省能量；另一方面，它又沉浸在寻求意外之事中不能自拔。我们既不想生活在无限循环之中，也不想一直生活在意外之中。这是一种利用已知和探索未知之间的平衡。这就是为什么我们的生活中会充斥着很多同形物：它们的一些特征都是仿照以往的设计得来的。回想一下，苹果的平板电脑在市场上刚出现时，其特色之一便是装有"图书"的"木制"书架。同时，程序员也致力于让你在滑动屏幕的时候有"翻页"的体验。即便是最先进的技术，也总与它的历史血脉相连。虽然这种利用和探索的权衡并非人类特有，但是当几代小松鼠占领了几片灌木丛时，人类已经用技术占领了整个地球。

"动态重连不仅是令人惊喜的自然景观，也是记忆、灵活的智力以及文明存在的基础。"伊格曼不是一个寻常的脑科学家，他在这套书中体现出一种"悲天悯人"的哲思。我们的大脑连接努力地反映、重建甚至预测客观世界，难道我们和其他生物一样，只是为了汲汲营营、寻欢作乐？人之所以为人，在于可以用自己的智慧改造世界，塑造文明。

在《粉红色柔软的学习者》中，作者讨论了大脑的动态重连机制，如何实现感觉运动修复或者增强，帮助盲人、聋人、脑卒中患者通过感觉替代或者运动训练，重新看到、听到、动起来。正常人也可以通过类似的技术，获得"第六感"，看到红外线、体感到环境和情绪等，实现感觉增强。帮助残障人士运动的脑机接口背后也有可塑性机制，当瘫痪患者脑控假肢的时候，他们的大脑实际上重新部署了神经连接，学会了控制假肢或者计算机光标，而不是简单用解码算法替换原来的神经连接。如果没有神经可塑性，人工耳蜗、人工视网膜、脑机接口这些神经替代物，是无法实现功能重建的，这一点往往被人们忽视。最近我和实验室伙伴在微创脑机接口首位截瘫患者老杨身上看到的，正是这样一种神经可塑性的奇迹：大脑皮质的可塑性让脑控机械手越来越娴熟；而每一次成功脑控产生的神经放电又促进了脊髓损伤的神经修复。在《粉红色柔软的学习者》这本书的最后，伊格曼把动态重连的思想提升到新的维度，很有洞见地指出，也许像电力网络、物联网、高密度芯片、人工智能网络等这些复杂系统，可以借鉴学习大脑网络的动态重连机制。

这个世界真是这样吗？为什么能够意识到自我的存在？人类能够通过神经技术变得更加强大吗？怎样才能更有想象力和创造力？答案就在大卫·伊格曼的"自我进化"四部曲里，或者说答案就在你的眼球后面，那皱巴巴果冻般、有着比银河系恒星还多的连接、三磅重的柔软的学习者。

献给中国读者

我们正生活在历史发展的一个特殊时期：破译人类大脑之谜的黄金时代。大脑是人们感知、行为和现实的根源，对大脑进行更深入的研究，是每位脑科学家毕生都将为之奋斗的方向。

当前，科学正以前所未有的速度发展，科学家们也在努力弄清楚大脑的奥秘，以及生活的意义。出于对脑科学的热爱，以及想让更多人认识人类的大脑，共同迎接未来新时代的理想，我成了一名神经科学家兼作家。我在这套书中写下了当下科学界已经了解的新发现，也探讨了科学研究尚未解决的问题。

对于科学和文学能相互融合，共同探索大脑奥秘与人性，我深感惊叹。我也很高兴能将最新的科学研究发现呈献给读者。很高兴我的书有了中文版，我对中国的文化、语言和人民一直抱有钦佩之情。希望中国朋友们喜欢这套书。

开启大脑奥秘的探索之旅

此刻我深感荣幸，也十分欣喜，我有关大脑的 4 本书终于全部译为中文，与你们见面了。多年来，我一直为人类心智那复杂而美丽的舞蹈深深吸引，进而投身大脑生物基础的研究。这套作品中的每本书都像一颗独特耀眼的珍珠，它们共同串连成名为"大脑奥秘"的珠链，而这正是我毕生渴求的无价之宝。

写作这套作品的动机，源自一个简单的问题：大脑，这一仅仅由细胞和生化物质组成的体系，怎会孕育出如此丰富多样的人类体验？这个问题引领我踏上了探索之旅，从无意识到社会驱动力，再到学习和记忆的机制、梦境的起源以及我们是否能为人类创造新的感官体验。你可以从这些作品的字里行间，体会到我对大脑奥秘怀有多么强烈的好奇心，以及我是多么想通过研究大脑来探寻我们生而为人的本质。

对于这套作品，我推荐你从《1 立方厘米银河系的我》开始阅读，它阐述了有关无意识思维的基本概念，即我们毫无察觉，大脑却在默默运作。之后，你可以接着读《皱巴巴果冻的绚丽人生》，它将带你领略大脑在社会互动、决策制定以及未来展望中拥有的广阔天地。再之后，你可以翻开《三磅褶皱的创造力》，去了解大脑，特别是人类的大脑，如何展现出它绝妙的创造力。最后，《粉红色柔软的学习者》将聚焦大脑的动态重连，揭示神经技术的最新突破以及伴随而来的伦理议题，徐徐展开一幅生动的当代神经科学画卷。

这套作品中的每一本都阐述了大脑科学的现状，并展望了未来的发展趋势。它们将为你带来了解当代神经科学的全面视角，既让我们更深入地认识自我，也为人工智能的未来发展提供宝贵的启示。

在中国出版这套作品，对我而言意义非凡。中国拥有源远流长的创新历史，如今更是在全球科学舞台上大放异彩。因此，在这片充满活力的土地上，探讨这些话题显得尤为贴切。我很高兴这套作品能够与中国读者见面。我相信，这些作品一定会引起热衷于探索神经科学及其文献的学生、专业人士和爱好者的深刻共鸣。

最后，我要再次由衷地表达自己的荣幸与感激之情，期待这套作品能够点燃更多人思考的星星之火，激发人们对于大脑奥秘的无限探索欲望。愿与你们共同展开一场关于人类心智的深入讨论！

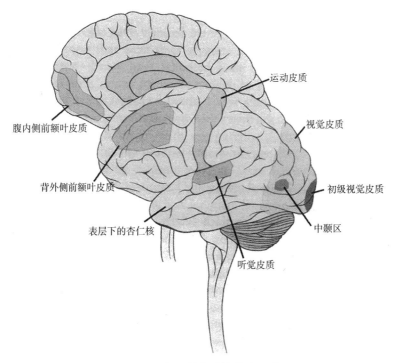

运动皮质

视觉皮质

腹内侧前额叶皮质

背外侧前额叶皮质

初级视觉皮质

表层下的杏仁核

中颞区

听觉皮质

你将了解到的大脑的特殊区域

Incognito

第 **1** 章

自我的后台运行模式

Incognito

● 为什么非洲土著认为录音机能"偷走他的舌头"？

● 为什么柯尔律治清醒时无法写出《忽必烈汗》？

● 人们为什么在发现突然掉落的树枝之前就已经开始躲闪？

仔细看看镜子里的自己吧！在你俊美的外表下，一台隐藏的网络化机器正在运转。这台机器包括由互相连接的骨骼构建的脚手架，由强壮的肌肉构成的网络，大量特殊的液体，以及相互协作的器官，它们都在默默地不停运转，人也因此得以存活。而皮肤这种高科技的自愈传感材料以一种令人愉悦的形式包裹着这台机器。

接下来，我们要"解读"的就是人的大脑。青少年和成人的大脑约 1.4 千克重，是目前我们在宇宙中发现的最复杂的东西。大脑是身体的任务控制中心，驱动着人体的所有运作，并且通过头颅这部"装甲要塞"中的小孔收集信息。

大脑是由数以十亿计的神经元和神经胶质细胞构成的，而每一个细胞都如同一座城市一样复杂，而且包含了整个人类基因组，同时，它们还进行着大量错综复杂的分子交流。每个细胞发送电脉冲到其他细胞，每秒多达几百次。如果这些数以万亿计的脉冲，每一个用一个光子表示，那么它们联合发出的光将足以使人失明。

在这样令人惊异的复杂网络中，细胞相互连接，而这个网络的复杂程度已经无法用人类的语言来描述了，可能需要引入新的数学语言。一个普通的神经元与相邻神经元大约有 10 000 条连接，人的大脑中有数十亿神经元，而这就意味着 1 立方厘米的脑组织中，神经元连接的数量就像银河系中的恒星一样多。

这个约 1.4 千克重的器官，以及它那粉色果冻状的"身体"，仿佛是来自外星的计算介质。它是由小型化的自适应部件组成的，这远远超过了我们能够想象的任何构造。所以，当感到懒得做事或无聊时，你应该相信自己，因为你其实是这个星球上最忙碌、最聪明的生物之一。

任何人都可以说，人是这个星球上唯一一种如此复杂的系统，复杂到人们都沉迷于破译有关人类自身的编程语言的游戏。想象一下，你的电脑开始控制自己的外围设备，打开了自己的外壳，并把摄像头指向自己的电路——这就是我们自己。

我们通过窥探头颅得到的信息，是人类最重要的发现之一：人的行为、思想和经验与一个庞大而潮湿的电化学网络，也就是神经系统密不可分。这台机器对人们来说是完全陌生的，但从某种程度上来说，它就是人类自身。

什么是意识

1949 年，阿瑟·艾伯茨（Arthur Alberts）从纽约扬克斯的家离开，来到西非的黄金海岸和通布图之间的一个村庄旅行。他带着妻子和一个相机，开着一辆吉普车。因为喜欢音乐，他还带了可通过吉普车充电的录音机。为了扩展西方人的视野，他录制了一些后来被认为意义重大的非洲音乐。但艾伯茨在使用录音机时差点惹上麻烦 —— 一个西非土著听到自己声音的回放，指控艾伯茨"偷了他的舌头"。在危急关头，艾伯茨急忙取出镜子，让那个土著看到自己的舌头仍然完好无损，这才幸免于难。

不难理解为什么非洲土著认为这台录音机违反常识。声音似乎是短暂且难以言喻的，就像一袋打开了封口的羽毛，只要飘散在风中，就难以收回。声音既没有重量，也没有气味，无法抓在手里。

因此，声音居然有物理的性质，这一点确实让人感到惊讶。如果能制造出一台足够灵敏的小机器来检测空气中分子间微小的压缩，你就能记录其密度变化，并在以后重现它们。我们称这种机器为麦克风，而地球上所有的无线电波都曾扮演着"无法收回的羽毛"的角色。当艾伯茨用录音机回放音乐时，一位西非的居民将这个奇迹描述为"惊人的魔法"。

思想也是一样。究竟什么是思想？它好像没有重量，感觉也很短暂且难以言喻。没有人会认为思想有形状、有气味，也没有人能将其实体化。所以，思想似乎也是一种惊人的魔法。

就像声音一样，思想也是靠物质支撑的。我们知道，大脑的变化会改变人的想法和思维。在深度睡眠中，思想并不存在。做梦时，大脑时常会不由自主地产生荒诞的想法。白天，人们热衷于像调鸡尾酒一样用酒精、香烟、咖啡或锻炼来调整脑内正常且合理的思想。也就是说，作为实物的大脑的状态决定了思想的状态。

实物对维持正常思维必不可少。例如，如果小指在事故中受了伤，你会感到疼痛，但你的意识体验并不会发生变化。而如果一块与小指同等大小的脑组织受到损伤，就可能会影响你理解音乐、识别动物、感受色彩、判断风险、做决定、分析身体信号或理解镜像概念等的能力，这揭露了大脑这台机器背后奇特而隐秘的工作原理。我们的希望、梦想、抱负、恐惧、绝妙的想法、迷恋、幽默感和欲望，都源于大脑这个奇怪的器官，而且当它改变时，我们也会随之改变。所以，尽管思想看似没有物质基础，就像风中的羽毛，但是它实际上直接由精巧、严密的任务控制中心整体掌控着。

　　我们从研究自己的思路中学到的第一个简单的事实是：**人所做、所想和所感受到的大部分事，都不受意识控制**。错综复杂的神经元系统有自己的运作程序。你意识到的自己，比如早上醒来时感受到的自我，只是你大脑活动中极小的一部分。虽然人们内在的思想依赖大脑，但它只按照自己的规则运转，而且它的大部分行动都超出了意识的控制，自我根本无权介入。

　　意识就像横跨大西洋的邮轮里的一个微不足道的偷渡者，将航行的成功归功于自己，却不承认幕后存在着庞大的工程。本书正与意识这种神奇的事实有关：我们如何了解到了意识，意识对人类有什么意义，以及意识如何"解释"人类、市场、秘密、退休金账户、罪犯、艺术家、尤利西斯、醉汉、脑卒中患者、赌徒、运动员、侦探、爱人和你所做的每一个决定。

　　在一项实验中，男性被试被要求为展示了不同女性面孔的照片进行排序。照片大小约 20 厘米 ×25 厘米，照片中的女性要么面对着镜头，要么 3/4 侧身。被试不知道的是，在一半的照片中，女性的瞳孔被放大了，另一半则没有。结果显示，被试总是更喜欢瞳孔被放大的女性。值得注意的是，这些被试完全没有意识到自己的决策过程。他们中没有一个人说："我注意到，这张照片中的女性的瞳孔比另一张照片中的大了 2 毫米。"他们只是觉得有些女性比其他女性更吸引人，但并不知道原因何在。

　　那么，是谁在做选择呢？在脑内大量无法被理解的运作中，某些东西"知道"女性的瞳孔扩张与性兴奋和性意愿有关。这些被试的大脑知道，但他们自己却不知道，至少并不明确。他们也不知道自己的审美和对吸引力的觉察是天生的，受数百万年的自然选择所塑造的程序控制。当选择了最有吸引力的女性时，他们不知道，这并不是他们自己的选择，而是通过成百上千代人的遗传，被深深烙印在脑回路中的程序的选择。

　　大脑负责收集信息并适当地引导行为。意识是否参与决策并不重要，事实上，在大部分时间里，它并不参与决策。无论我们探讨的是瞳孔扩张、嫉妒心、吸引力、对高脂食物的热爱，还是你上周想到的好主意，意识都只是大脑运作过程中最微不足道的一个控制者。大脑主要依靠自我掌控，而意识几乎无法窥探到在它背后运行的那个庞大而神秘的工厂。

生活中有很多这方面的证据。比如，当你意识到一辆红色的丰田车正从你前面的车道上倒车之前，你的脚已经踩上了刹车；当你以为自己没在认真听他人的对话时，却注意到了自己的名字被提及；你不知道为什么，但就是感觉某个人很有吸引力；在你选择之前，你的神经系统已经给了你一个"直觉"。

大脑是一个复杂的系统，但这并不意味着它不可理解。神经回路被自然选择塑造出自行解决问题的机制，而这些问题是我们的祖先在进化过程中需要时时面对的。正如脾脏和眼睛一样，大脑在进化的压力下成形，意识也是如此。意识之所以能得到发展，是因为它有优势，但优势很有限。

想象一下一个国家里每时每刻都在进行的活动。工厂运转、电信线路繁忙、商船运输产品、人们不断地吃东西、污水管道排放废水、警察追捕嫌犯、商人达成交易、情侣约会、秘书打电话、教师讲课、运动员比赛、医生做手术、公共汽车司机开车……你可能会希望知道国家每时每刻发生的事，但你不可能一下子获得所有信息。即使能获得，这些信息对你来说也没有意义。你想要一份概要，所以拿起了一份报纸，它不是信息密集的那种报纸，而是一份通俗易读的报纸。报纸上没有记录任何活动的细节，对此你并不感到惊讶，毕竟，你想知道的只是概要，比如政府最近颁布的税法，但详细的起因、经过对你而言并不重要。你当然也不想知道这个国家食品供应的所有细节，比如奶牛吃得怎么样、被吃掉的牛的数量有多少，你只是想在疯牛病发作时得到警示而已。你不关心垃圾是如何生产和打包的，你只关心它们是否会被丢在你家后院。你不关心工厂的电线和基础设施，你只关心工人们是否会罢工……而这，就是你从报纸上读到的。

意识就像这份报纸，它提供新闻头条，但很少展示幕后发生的事。大脑在夜以继日地活动，就像一个国家一样，几乎所有的事都发生在局部：小团体不断决策并发送消息到其他团体。这些局部的互动组成了更大的联盟。当你读到意识中的一个标题时，重要的行为已经发生了，事件也已经解决完了，而你对幕后发生的事情几乎一无所知。

然而，你是一个奇怪的读者。你读着头条，并对其颇有成就感，就好像你是第一个想到它的一样。于是，你兴高采烈地说："我刚好有了些想法！"事实上，大脑在你开窍之前已经做了大量的工作。当想法浮现出来时，神经回路早已为之工作了几个小时、几天，甚至几年，它们不断地整合信息并尝试新的组合。但你忽略了大脑在幕后所做的大量工作，并将功劳据为己有。

但是，谁又能怪你把这些归功于自己呢？大脑的工作在秘密中进行，像惊人的魔法一样生成了思想，并且它不允许有意识的认知来探索其庞大的操作系统。大脑一直在隐姓埋名地工作着。

那么，想出一个好主意的功劳到底应该归谁呢？ 1862 年，苏格兰数学家詹姆斯·克拉克·麦克斯韦（James Clerk Maxwell）发现了联系电和磁的基本方程式。在弥留之际，他做出了一段奇怪的忏悔，宣称是"他体内的某样东西"发现了著名的方程式，而不是他自己发现的。他承认，自己不知道这些想法从何而来——它们就那样产生了。威廉·布莱克（William Blake）也有类似的经历，他在讲述自己的叙事长诗《弥尔顿》（Milton）时说："我写这首诗时有时能一下就写出十二行甚至二十行。我完全没有提前构思，写出的东西甚至违背了我的意愿。"歌德也声称，他在写中篇小说《少年维特的烦恼》时，几乎没有意识的参与，就好像笔在他手中自己动起来了一样。

再来看看英国诗人柯尔律治（Samuel Taylor Coleridge）。他的诗《忽必烈汗》（Kubla Khan）富有异国情调和梦幻般的意象，而这正是在他称为"某种幻想"的状态下被创作出来的。我们将《忽必烈汗》的美妙修辞归功于柯尔律治，是因为它们来自他的大脑，而不是别人的大脑。但是，柯尔律治在清醒的时候无法写出这些文字，所以，这首诗的功劳到底应该归于谁呢？

正如卡尔·荣格（Carl Jung）所说，"每个人的内心之中都有另一个自己不认识的人"。也正如平克·弗洛伊德乐队（Pink Floyd）所说，"我的大脑里有一个人，但那不是我"。

在精神世界中，几乎所有的事情都不受意识控制，实际上也确实是这样更好。尽管你可以把功劳归于意识，但最好不要让它介入脑内大部分的决策过程。当意识干涉它所不了解的细节时，工作效率便会降低。一旦你开始考虑手指应该按哪个琴键，就再也弹不出美妙的乐曲了。

有一个派对上的小游戏可以证明意识的干扰作用。让你朋友用两只手各拿一支马克笔，并让他用右手写自己的名字，同时用左手反着写自己的名字。很快他就会发现，只有一种方法可以做到这一点，即不去思考动作的过程。通过排除意识的干扰，他的手可以轻松地做出复杂的镜像运动，但如果想着自己的动作，他手上的动作就会时断时续，乱作一团。

所以，大多数场合最好不要让意识介入，而当它介入时，也通常是最后一个获得信息的。以打棒球为例。1974 年 8 月 20 日，在美国加利福尼亚天使队和底特律老虎队之间的比赛中，诺兰·莱恩（Nolan Ryan）的快球以 44.7 米 / 秒的飞行速度打破了吉尼斯世界纪录。如果计算一下，你就会意识到，莱恩的球离开投手区并穿过本垒板（约 18.5 米）只用了 0.4 秒的时间。光信号从击球手的眼睛到视网膜神经，到后脑激活视觉系统这条高速公路上的视觉细胞，再穿过众多区域到达运动区，继而控制肌肉收缩挥动球棒，0.4 秒的时间勉强够用。令人惊讶的是，整个过程竟然能在不到 0.4 秒的时间里完成；否则，没有人能击中快球。但更令人惊讶的是，意识所花的时间会比这更长——大约半秒钟。所以，球的速度太快了，以至于击球手根本意识不到球的存在。**人们不需要意识来执行复杂的运动行为。**当注意到自己在发现突然掉落的树枝前就已经开始躲闪，或者在听到电话铃响之前就已经跳了起来时，你就会明白这一点。

意识并不处在大脑活动的中心，恰恰相反，它处在边缘，而且只能"旁听"。

人类认识大脑之旅

对大脑的全新认识深刻地改变了人类对自身的看法，人类曾经从直觉上认为所谓的自我是身体运作的中心，而如今，人们能以更复杂、更清晰和更令人惊奇的观点来看待事物。事实上，我们以前就看到过这种进步。

1610 年 1 月一个星光灿烂的夜晚，托斯卡纳的一位天文学家伽利略深夜未睡，他将眼睛紧紧贴在他所设计的"管子"的一端。这根管子是一架望远镜，它可以在视觉上将物体拉近 20 倍。那个夜晚，伽利略正在观测木星，并且看到 3 颗恒星在木星周围串成了一条线。这一现象引起了他的注意，第二天晚上，他又继续观测。出乎他意料的是，他观测到这 3 颗恒星在随着木星一起运动。这不合逻辑，因为恒星不会伴随行星移动。因此，伽利略又连续观测了多个晚上。直到 1 月 15 日，他终于想明白了：这些并不是恒星，而是环绕木星的小星体——木星自己的卫星。

这个发现使天球理论崩塌了。根据托勒密的理论，世界只有一个中心——地球，其他一切都围绕着地球运转。另一种观点是由哥白尼提出的，他认为地球绕着太阳运动，而月亮绕着地球运动，但这个理论在当时传统的宇宙学家看来十分荒谬，因为它存在两个运动的中心。而在 1610 年 1 月那个宁静的夜晚，木星有自己的卫星这一发现证明了多个中心的存在，毕竟，在环绕着巨大行星的轨道上翻转的大岩石不可能是天球表面的一部分。于是，认为地球是宇宙中心的托勒密模型就此崩塌了。伽利略在《星际信使》（*Sidereus Nuncius*）一书中描述了自己的发现，1610 年 3 月，这本书由威尼斯出版社出版，从此，伽利略声名鹊起。

6 个月后，其他天文学家才制造出足以观测木星卫星的设备。很快，望远镜市场就如火如荼地发展了起来，而世界各地的天文学家也越来越多，他们绘制了地球在宇宙中的位置的详细地图。随后的 4 个世纪，地球逐渐退离了宇宙的中心，并牢牢地固定在可见宇宙中的一个小点上。通常认为，宇宙包含 5 亿个星系群、100 亿个大星系、1 000 亿个矮星系和 20 亿兆个像太阳一般的恒星。可见宇宙大约横跨 150 亿光年，可能是我们无法看到的更广袤的整体中的一个小点。很显然，这些惊人的数字表明，我们的存在与我们设想的完全不一样。

对许多人来说，地球不再是宇宙中心的观念引起了他们极大的不安。地球不再被认为是天地万物的极致，它仅仅是一颗普通的行星，与其他行星一样。这种对权威的挑战需要人类转变有关宇宙的哲学观念。200 年后，歌德赞美伽利略的伟大发现：

> 在所有的发现和理论中，没有一个能对人类精神产生如此大的影响……当地球被要求放弃作为宇宙中心的巨大特权时，它才刚刚被人们认识到是圆的，并且还在不断被完善中。这可能是人类所做出的最大胆的要求，因为一旦这个事实被承认，多少事物便会烟消云散！我们的伊甸园，我们的天真、虔诚和诗意的世界，作为证据的感官，美好的宗教信仰，都将何去何从？难怪他同时代的人不愿意让这一切发生，并对这个反抗权威、提倡自由的理论进行一切可能的抵制，事实上，他们做梦都没想到会有这样一个理论诞生。

伽利略的批评者谴责他的新理论是对"人类至上"地位的废黜。伴随着天球理论的崩塌，伽利略也遭到了沉重的打击。1633 年，他受到了天主教会的审判，在地牢遭到了精神上的折磨，并被迫放弃了自己的学说，签字承认地心说的正确性。

伽利略可能会认为自己很幸运。因为就在几年前，另一个意大利人，乔尔丹诺·布鲁诺（Giordano Bruno），也认为地球不是宇宙的中心。而由于这种异端邪说冒犯了教会，他在 1600 年 2 月被拖到广场上示众。逮捕他的人害怕他用出众的口才煽动群众，于是给他戴上了铁制的面具，阻止他说话。布鲁诺被活活烧死在火刑柱上，而至死，他都在面具后窥视着这群聚集在广场上的旁观者，这些想成为宇宙中心的人。

为什么布鲁诺会被悄无声息地处决？为什么伽利略那般的天才会被禁锢在地牢里？显然，并不是所有人都希望看到世界观的剧变。

如果布鲁诺和伽利略能知道自己的学说所带来的结果就好了！人类存在的必然性和自我中心主义已经被我们对自己所处宇宙的敬畏和惊奇取代了。即使其他行星上不太可能存在生命——概率不到十亿分之一，我们也仍然可以期待有几十亿颗行星能孕育出新生命。如果只有百万分之一的机会，这些行星上的生命的智力达到了较高的水平（超过太空细菌），那么也许有数百万颗星球上诞生了千奇百怪的文明也就不足为怪了。这样看来，抛弃自我中心主义可以使人们的思想更加开阔。

如果你觉得天文学很吸引人，那也来看一下脑科学领域吧：人类已经离开了自我的中心位置，一个更加辉煌的"宇宙"正在进入我们的视野。在这本书中，我们将航行到这个内在的宇宙之中，去探索不同的生命形式。

人类认识意识之旅

托马斯·阿奎那（Thomas Aquinas）坚信人类的行为来自对善的思考，但是他又很难忽略掉人们所做的某些与理智思考并没多大关系的事情，例如打嗝、情不自禁地用脚打拍子、听到笑话时突然大笑等。这是他的理论框架的一个难点，所以他把这些行为与人类正规的行为割裂开来，重新划定了一个范畴，"因为它们并非来理性的思考"。在定义这一新的范畴时，他播下了无意识思想的第一粒种子。

此后 400 年间，一直没有人为这粒种子浇水，直到博学家莱布尼茨提出，大脑是可觉知部分和不可觉知部分的总和。在莱布尼茨年轻时，他一上午就可以创作 300 首拉丁语六步格诗。后来他又提出了微积分、二进制、政治理论、地质假说、一个动能方程式及软硬件分离的想法，还创建了一些新的哲学流派。随着灵感不断涌现，他开始像麦克斯韦、布莱克和歌德一样怀疑起来：在自己的身体里，可能有一个更深不可测的洞穴。

莱布尼茨提出了一些我们不知道的感知，他将之称为"微感知"（petite perceptions）。他推测，既然动物有无意识知觉，那为什么人类没有呢？尽管这个逻辑只是推测，但他认为，如果不假设有一个无意识的东西存在，我们就会忽略一些重要的东西。"无知觉的感知对人类思维科学而言，就像感觉不到的粒子对自然科学一样重要。"他说。莱布尼茨继续指出，像追求和倾向（"欲望"），人们同样无法意识到，但它们仍然可以驱动人们的行为。这是对无意识冲动的第一次重要阐述，他认为，自己的这种想法是解释人类行为的关键。

莱布尼茨热情地记下了这一切，写在他的《人类理解新论》（New Essays on Human Understanding）一书中。但这本书直到 1765 年才出版，那时他已经去世将近半个世纪了。这些文章与了解自我的启蒙观念产生了冲突，所以在接下来的近一个世纪里，它们都不曾被重视。无意识思想的种子再次陷入休眠状态。

与此同时，其他一些事件为心理学作为一门实验科学、材料科学的崛起奠定了基础。一位名叫查尔斯·贝尔（Charles Bell）的苏格兰解剖学家兼神学家发现，从脊髓辐射到全身的神经都不尽相同，但大体可以分为两类，即运动神经和感觉神经。前者将信息从大脑的指挥中心"运出",后者将信息反馈回大脑。这是对大脑中另一种神秘结构模式的第一个重大发现,随后的先驱研究者将大脑的组织结构勾画了出来,于是大脑不再是一个模糊且均匀的器官。

识别这样一个莫名其妙的组织块的逻辑非常令人鼓舞。1824 年,德国哲学家兼心理学家约翰·弗里德里希·赫尔巴特(Johann Friedrich Herbart)提出,想法本身也许可以通过一个结构化的数学框架来理解:可以用相反的想法来反对一个想法,从而削弱那个想法,使它低于意识的阈值。相应地,相似的想法可以互相支持,从而上升到意识层面。随着新想法的上升,它把其他相似的想法也一同拉升。赫尔巴特创造了"统觉团"(apperceptive mass)一词来表明从想法变成意识的过程不是某个想法单独完成的,而是通过与意识中其他思想的同化来完成的。就这样,赫尔巴特引入了一个关键性的理论:意识和无意识的思想之间存在着界限,即人们能够意识到一些想法,但意识不到另一些想法。

在这种背景下,德国医生恩斯特·海因里希·韦伯(Ernst Heinrich Weber)对将物理学的严谨性引入有关思维的研究中产生了浓厚的兴趣。他的新领域"心理物理学"(psychophysics)旨在量化人们的感知、反应速度和感知的精确性。这是第一次用科学、严谨的方式来测量感知,结果也令人震惊。例如,你的感知为你提供了对外部世界的精确描绘,这看起来显而易见,但在 1833 年,德国生理学家约翰尼斯·彼得·穆勒(Johannes Peter Müller)却注意到了一些令人困惑的现象。如果他用光照射眼睛,给眼睛施加压力,或者用电刺激视神经,所有这些都会使人产生类似的视觉感觉——那是光的感觉,而不是压力或电。这使他认识到人不是直接意识到外部世界,而是意识到神经系统的信号。换句话说,当神经系统告诉你有东西(比如光)在"外面"时,你会相信,而不在意信号是怎样来的。

此后,人们开始思考物理大脑与感知之间的关系。1886 年,在韦伯和穆勒去世多年后,一位叫詹姆斯·麦基恩·卡特尔(James McKeen Cattell)

的美国人发表了一篇题为《大脑操作时间》（*The Time Taken up by Cerebral Operations*）的论文。这篇论文的中心观点非常简单，即你的反应速度取决于你的思考类型。如果只需对你所看到的闪光或"砰"的一声进行反应，那你可以很快地完成——闪光 190 毫秒，"砰"声 160 毫秒。但如果你必须做出选择，比如看到的是红色闪光还是绿色闪光，那就需要多十几毫秒。如果你要说出刚才看到的，比如"我看见一道蓝色的闪光"，那就需要更长的时间。

卡特尔的简单测量没有引起众人的关注，却成了范式转变的风声。随着工业时代的到来，知识分子开始关注机械。正如人们现在把计算机作为隐喻一样，在当时，机械隐喻也渗透到了大众的思想中。19 世纪后期，生物学研究出现进展，行为的许多方面顺理成章地被归因于神经系统类似于机械的操作。生物学家知道，信号在眼睛中被处理，沿着连接丘脑的轴突行进，然后沿着神经通路进入大脑皮质，最后成为整个大脑处理模式的一部分，这个过程需要时间。

不过，思考却仍然被认为与此不同。它似乎不是实体的产物，而是属于精神或者灵魂的特殊范畴。卡特尔的方法直面了这一问题。通过让刺激保持不变而改变任务，即做出这样或者那样的决定，他可以测量出做决定所花的时间。也就是说，他可以测量思考的时间。他提出这种直接的方法来建立大脑和思维之间的对应关系。他写道，这种简单的实验带来了"我们对生理和精神现象完全平行的最有力的证明；毫无疑问，我们的实验同时测量了大脑和意识的变化速度"。

在 19 世纪的时代思潮中，"思考需要时间"这一发现动摇了"思考是非物质的"这一范式的基石。**它证明了思考和其他行为一样，不是"神奇的魔术"，而是同样拥有物质基础的。**

思考等同于神经系统的处理过程吗？思维会不会就像一台机器一样？很少有人关注这一新兴的想法，大多数人仍然认为人们的心理活动会立即出现在他们发出命令之后。但对一个人来说，这种简单的想法改变了一切。

就在达尔文出版他的革命性著作《物种起源》的同时，一个来自捷克摩拉维亚的 3 岁男孩和他的家人一起搬到了维也纳。这个男孩，也就是弗洛伊德，将在一种全新的达尔文式世界观的影响下成长，在这个世界里，人与其他生命没有什么不同，科学的聚光灯可以投射在人类行为的复杂结构上。

年轻时，弗洛伊德进了医学院，但更吸引他的是科学研究，而不是临床医学。他专攻神经学，并且很快就开了一家治疗心理障碍的私人诊所。通过仔细检查患者，弗洛伊德开始怀疑，人类行为的差异只能通过看不见的、在幕后隐秘地运行的心理过程来解释。弗洛伊德注意到，这些患者的行为通常不是由明显的意识驱使的，基于大脑即机器的新观点来看，他认为一定还存在隐藏的动机。根据这一新的观点，思想并非简单地等同于生活中熟悉的意识的部分；它就像一座冰山，大部分无法被人看见。

这个简单的想法改变了精神病学。此前，异常的心理过程无法得到解释，除非将它们归因于意志薄弱、恶魔上身等，但弗洛伊德坚持要在大脑中寻找原因。在弗洛伊德生活的时代，由于现代脑科学技术还未出现，他只能从系统的"外部"收集数据：通过与患者交谈，从他们的精神状态推断其大脑状态。从这点出发，他关注包含在口误、笔误、行为模式和梦的内容中的信息。他设想所有这些都是隐藏的神经机制的产物，而主体没有办法直接访问。通过检查表面的行为，弗洛伊德确信他能感觉到"下面"潜藏着什么。越是看到冰山的尖端在闪闪发光，他就越能领会到冰山的深度，以及隐藏的神经机制如何解释人们的思想、梦境和欲望。

运用这个概念，弗洛伊德的导师兼朋友约瑟夫·布罗伊尔（Josef Breuer）建立了一种似乎可以帮助癔症患者的有效方法，即让他们不受限制地讲述自己最早的发病情况。弗洛伊德将这种技术应用于其他神经官能症的治疗，并提出患者内心深处的创伤性经历正是他们的恐惧、癔症性瘫痪、偏执等的隐藏来源。他猜想，这些问题被意识隔离了起来。解决的办法就是将它们引入意识层面，使它们能够被直接面对，从而消去其引起神经官能症的能力。这种方法成了 20 世纪精神分析的基础。

虽然精神分析的流行性和细节发生了相当大的变化，但弗洛伊德的基本思想提供了第一条探索大脑隐藏状态的神经机制如何驱动思想和行为的途径。1895 年，弗洛伊德和布罗伊尔发表了他们的共同成果，但之后，布罗伊尔对弗洛伊德强调无意识思想的性根源越来越不赞同，最终两人分道扬镳了。接着，弗洛伊德出版了主要阐述无意识的著作《梦的解析》，在书中分析了自己的情感危机和父亲死后引发的一系列梦境。弗洛伊德的自我分析让他发现了自己对父亲意料之外的感情，例如，憎恨、羞愧和羡慕交织在一起。这让他开始思考自由意志的问题。他认为，如果选择和决定源于隐藏的心理过程，那么自由选择要么只是一种幻觉，要么至少比以前认为的更受约束。

到了 20 世纪中期，思想家们开始意识到，人类对自我所知甚少。人们不是处在自我的中心，而是处于自我遥远的边缘，只能觉察到很少正在发生的事情。

弗洛伊德对无意识的大脑的直觉是正确的，但在他生活的年代，现代神经科学尚未发展起来。现在我们可以从多个层面窥视人类的颅骨，无论是单个细胞的电脉冲，还是激活大脑广阔区域的模式，都可以进行研究。现代科技塑造并描绘着人类内在宇宙的图景。在接下来的章节中，我们将一起进入意想不到的领域。

你为什么会生自己的气？或者说，究竟是谁对谁生气？为什么盯着瀑布时岩石似乎在向上"走"？为什么其他人都知道美国最高法院曾经的法官威廉·道格拉斯（William Douglas）脑卒中瘫痪了，他还声称自己能踢足球和徒步旅行？为什么大象托普西（Topsy）会被爱迪生处以电刑？为什么人们喜欢拿出一部分钱放在没有利息的圣诞节账户？如果酒后的梅尔·吉布森（Mel Gibson）是反犹主义者，而清醒的他又真诚地道歉，那么哪一个才是真的他？尤利西斯和次贷危机有什么共同点？为什么女性舞蹈表演者在一个月内的某些时候能赚更多的钱？为什么名字开头是"J"的人更有可能嫁给名字同样以"J"开头的人？为什么人们总想倾诉秘密？为什么有些人在婚姻中更容易出轨？为什么服用抗帕金森病药物的患者会成为强迫性赌徒？查尔斯·惠特曼（Charles Whitman）这位高智商的银行出纳员和鹰级童子军（Eagle Scout），为什么突然在得克萨斯大学的大楼里射杀了 48 个人？

这一切与大脑的幕后运作有什么关系？正如我们将要看到的那样，一切都关系甚大。

Incognito

第 **2** 章

自我构建出的真实世界

Incognito

為什么有的东西就在眼前我们也不一定能看到？

人们可以通过舌头上的触觉"看"到外在世界吗？

丧失视力的人为什么能看到花鸟和建筑物？

马赫带现象：为什么会忽视明显的事物

19 世纪末的一个下午，物理学家兼哲学家恩斯特·马赫（Ernst Mach）仔细地观察了一些摆放成一排且颜色均匀的彩色纸条。出于对人类感知问题的兴趣，他愣了一下：这些纸条看起来不太对劲，好像哪里出了问题。他把这些纸条分开看了看，再把它们放在一起，终于意识到了问题所在：虽然每张纸条本身的颜色是统一的，但是将它们并排放置时，每张似乎都有渐变的阴影，即左边稍微亮一点，右边稍暗一点。要证明图 2-1 中的每张纸条实际上都是亮度一致的，只需留下一张纸条，把其余的全部遮住就可以了。

图 2-1　马赫带

这就是马赫带错觉，你也会在其他地方注意到，例如，在两面墙壁相交的角落，灯光的差异常常会使这里的油漆看起来更亮或更暗。而在此之前，即使这个感知上的事实一直在你面前，你也可能从未意识到。同样，文艺复兴时期的画家注意到远处的山脉看起来会有些发蓝，自从这个现象被发现后，他们就开始参考这个现象作画。但在此之前，即使事实就在他们眼前，艺术史上也完全没有人意识到这一点。

为什么我们不能察觉到这些明显的现象呢？我们对自我感知的观察真的那么差劲吗？

没错，我们的观察力是极差的，即使内省也不能解决问题，因为在发现自己的错误之前，我们相信自己对世界的观察是无误的。

我们会在后面学习观察自我感知，正如马赫仔细观察纸条的阴影一样。那么，我们的意识感知究竟是什么样的呢？

直觉告诉你，睁开眼睛看，世界就在那里：五彩缤纷，狗在跑，出租车在行驶，还有繁华的城市和鲜花烂漫的美景。用眼睛看对你来说似乎毫不费力，而且精确无误，或者说误差极小。你的眼睛和高分辨率的数码摄像机之间似乎没有明显的区别。同样，你的耳朵像是精确记录世界声音的小型麦克风，你的指尖能探测外界物体的三维形状。但是，直觉是完全错误的。我们来看看实际的情况到底是什么样的。

思考一下：当你移动手臂时会发生什么？大脑依靠成千上万的神经纤维记录肌肉收缩和伸展的状态，但是你对这种风暴般的活动一无所知。你只知道肢体移动了，它的位置发生了变化。早在 20 世纪中期，神经科学的先驱查尔斯·谢灵顿（Charles Sherrington）爵士就曾反复研究过这个问题。人们无视存在于幕后的巨大机器，他对此感到震惊。而且，尽管他有相当多关于神经、肌肉和肌腱的专业知识，但当他拿起一张纸时，"我根本意识不到肌肉是怎样的……我毫不费劲并且准确地进行着这一运动"。他认为，如果自己不是神经科学家，就不会有怀疑神经、肌肉和肌腱是否存在的念头。这个想法吸引了谢灵顿，他最后推断，他移动手臂的感知是"精神产物……源自那些我们没有经历过的元素……头脑使用这些未知的元素生产感知"。换句话说，风暴般的神经活动和肌肉活动是由大脑产生的，但呈现在意识里的是另一种不同的东西。

为了理解这一点，让我们回到意识与报纸的比喻。报纸上标题的意义是给出一个简洁明了的概要。同理，意识的意义是将神经系统中的所有活动投射成一种更简单的形式。不计其数的专门机制在人们的意识范围外运作着，一些收集感官数据，一些发送运动指令，大多数神经则完成最主要的任务：整合信息、预测未来的形势并做出行动决策。面对这种复杂的任务，意识会给你一个宏观性的总结，在涉及诸如苹果、河流和可能与你接触的人这样的更宏观的层面上为你提供有用的信息。

变化盲视：为什么眼见不一定为实

"看"的行为如此自然，以至我们很难体会这个过程背后的复杂机制。你可能会感到惊讶，人类大脑大约有 1/3 的神经元是为视觉服务的，因为大脑必须做大量的工作才能精确地分析进入眼睛的光子流。

严格地说，所有的视觉场景都是模棱两可的，例如，图 2-2 可能是距你 500 米远的比萨斜塔，也可能是一个一臂高的玩具模型：两者在你的眼睛上投射的是相同的图像。为了获得准确的信息，大脑要综合分析环境，做出假设，使用后文提到的一些技巧，最终

图 2-2　这是比萨斜塔还是玩具模型

才能消除有歧义的信息。但这一切并非不费吹灰之力的，失明数十年的患者通过手术恢复视力的案例就证明了这一点。他们并不会立即看到世界，而是必须先学习如何看。对他们而言，刚恢复视力时，世界是混乱的，充满着纷乱的形状和颜色，即使视觉功能是完整的，他们的大脑也必须学习如何解释接收到的信息。

对生来视觉正常的人来说，要领会视觉是建构出来的，最好的方法就是注意自己的视觉系统是如何出错的。视错觉存在于人类进化出来的用于处理事物的系统边缘，因此它们是了解大脑的完美窗口。

要严格定义"错觉"有一定的困难，因为所有的视觉似乎都是一种错觉。你周边视觉的分辨率大致相当于透过结霜的淋浴门看东西的效果，而你却以为周边的景象也能看得很清晰。这是因为在你瞄准的每一个地方，你的中心视觉都是高度聚焦的。

要证明这一点，可以试试这个游戏：让一个朋友将一把彩色马克笔举到他身边。你盯着他的鼻子，然后试着按顺序说出他手中笔的颜色。结果会令你吃惊——即使你能说出用眼角余光看到的颜色，也不能准确地判断出它们的顺序。你的视野比你认为的更窄，因为在一般情况下，大脑会利用眼部肌肉使你的高分辨率视觉中央直接投向你感兴趣的事物。无论你的眼睛看到哪里，哪里都是高度聚焦的，因此你认为整个视觉世界都是清晰的。[1]

不仅如此，人们根本没有意识到视野存在边界这一事实。盯着墙上的一个点，把手臂伸到面前，摆动手指，接着把手慢慢移回耳侧，在某一时刻，你就看不到手指了，然后再将手向前移动，你就又能看到它们了。这是因为你正在"穿越"视野的边界。同样，因为你总是可以把目光对准感兴趣的地方，所以

---

[1] 请思考一个类似的问题：如果问你冰箱的灯是不是一直开着，你可能会误以为是这样的，因为每次拉开冰箱门，灯都是亮着的。

你通常并不会意识到视野的边界。有趣的是，大多数人一生都没有意识到，他们时时刻刻都只能看到有限的视野。

当你深入了解视觉时，会发现大脑可以提供令人信服的知觉。以深度知觉（perception of depth）为例。你的两只眼睛彼此相隔几厘米，所以它们所接收的图像略有不同。如果你想证明的话，你可以从间隔几厘米的两个地方拍两张照片（见图 2-3），然后把它们并排放在一起。接着交叉视线，使这两张照片合并成一张，你会从这张照片上体会到深度知觉。你将真正感受到深度，并且无法改变这种知觉。平面图像不可能具有深度，因而这揭示了视觉系统的自主机制：给予适当的输入，它就会为你构建一个丰富的世界。

图 2-3 深度知觉

人们犯的最普遍的错误之一，就是相信自己的视觉系统能像摄像机那样实事求是地展现出"外界"的样子。仔细观察图 2-4 中的两幅图片。

图 2-4　变化盲视

　　它们之间有什么区别？很难辨别。① 在这个测试的动态版本中，两幅图片是交替显示的，例如，每幅图显示 0.5 秒，两者之间有 0.1 秒的间隔。结果发现，人们对图片里场景中惊人的巨大差别完全视而不见。比如，其中一幅图片里可能出现一个大盒子，或者是出现吉普车、飞机引擎，而人们根本发现不了这些区别。人们的注意力在场景中缓慢地游走，分析着有趣的地方，直到最后才发现了变化。一旦大脑锁定合适的对象，人们就很容易看到变化，但这种情况只有通过仔细观察才能发生。这种"变化盲视"突出了注意力的重要性：你必须把注意力集中在一个物体上，才能看到其中发生的变化。

　　你并不像自以为的那样可以看到世界丰富的细节；事实上，你对映入眼帘的大部分事物都没有意识。比如，你正在看一部短片，里面有一名演员，他在做煎蛋卷。之后，摄像机切换到了一个新的角度。当演员换成另一个人时，你肯定会认为自己能够注意到，但实际上，2/3 的观察者都没有发现。

———————————————

① 两幅图的差别就是雕像后面的墙的高度不同。

在一个令人惊讶的变化盲视的演示中，实验者随机拦住操场上的路人，并且向他们问路。当这名毫无戒心的路人正在指路时，一名扛着门的工人粗鲁地走到两人中间。路人并不知道的是，问路的实验者已经悄悄地与躲在门后的同伙换了位置：当门被移开后，站在那里的问路人已变成了另一个人。结果显示，大多数路人都会继续指路，完全没有注意到那个人已经不是最初问路的人了。换句话说，路人只记录了自己所看见的事物中的少量信息，其余的都是他们的假设。

神经科学家并不是最早发现"把东西放在眼前并不代表我们一定能看到它"这一现象的人。魔术师很早就发现了这一点，并且充分利用了这方面的知识。通过引导人们的注意力，魔术师可以在众目睽睽之下耍花招。他们的行为本应该会使魔术失败，但他们毫不担心，**因为大脑只会处理小部分的视觉场景，而不能处理投射在视网膜上的所有信息。**

这一事实有助于解释为何司机在无障碍的情况下会追尾、撞到行人，甚至撞到火车。在许多情况下，虽然眼睛在看，但大脑并没有觉察到刺激物。也就是说，视觉不仅仅是"看"。这也解释了为什么你可能没发现图 2-5 中的三角形里有两个"of"。

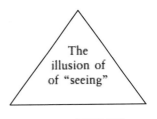

图 2-5　视觉的错觉

道理很简单，但它们并非显而易见，即使对大脑科学家来说也是如此。几十年来，视觉研究者一直试图找出视觉大脑重建外部世界的三维表达的方式，但他们后来才慢慢明白，大脑并没有真正使用三维模型，它充其量只是建立了一个 $2\frac{1}{2}$ 维的草图。大脑不需要一个完整的世界模型，因为它只需要计算何时该看哪里就够了。例如，大脑不需要对你所在的咖啡店的所有细节进行编码，它只需要知道当它想要某样东西时，应当怎样搜索。你的内部模型只有一些大致的概念，比如你在咖啡店，有人在你的左边，你的右边有一面墙，桌子上有些东西，等等。当同伴问"还剩下多少块糖"时，你的注意力系统开始审视碗中的细节，然后将新数据输入你的内部模型中。即使糖碗一直在你的视野中，大脑也不会记录它的细节，因为大脑需要做额外的工作才能完善它的细节。

同样，我们通常知道刺激的某个特征，但却常常无法同时指出其他特征。请看下面的符号，说出它是由什么组成的：

||||||||||||

你可以准确地说出它是由竖线组成的。但是如果我问你有多少条线，你可能一时间答不上来。你可以看到竖线，但不能在不费力的情况下说出有多少条。你可以知道某个场景中的一部分东西，但不会注意其他方面，只有当被问起时，你才会意识到自己错过了什么。

"舌头在嘴里什么位置？"一旦被问到这个问题，你马上就可以回答，但在被问到之前，你可能并不知道答案。大脑一般不需要知道太多的事情，它只需要知道如何检索数据，而且它只检索它需要知道的。你不会一直在意舌头的位置，因为这种知识只有在特殊情况下才有用。

事实上，除非问自己，否则大部分事情我们都意识不到。比如，现在你左脚穿的鞋穿起来怎么样？空调"嗡嗡"声的音调有多高？正如我们在变化盲视中看到的，大部分显而易见的事物，人们都意识不到；只有把注意力集中到场景中的某个细节，人们才会意识到自己错过了什么。在集中注意力之前，人们通常不知道自己没有意识到这些细节。因此，不仅我们对世界的感知不能准确地反映外界，我们还构建了一个完整的、丰富的假象。实际上，我们只能看到自己需要知道的东西，看不到其余的事物。

1967 年，俄罗斯心理学家阿尔弗雷德·雅布斯（Alfred Yarbus）研究了大脑是如何探询世界以收集更多细节的。他利用眼球跟踪器测量人们观看点的精确位置，并要求被试注视画家伊里亚·列宾（Ilya Repin）的画《意外归来》（*An Unexpected Visitor*）。被试的任务很简单，那就是观察画作，并且在研究者的要求下猜测画中的人在"不速之客"到来前做了什么，或者猜测这些人的经济水平或年龄，又或者猜测这些"不速之客"已经走了多久。

结果非常令人惊讶：根据研究者询问内容的不同，被试不仅眼睛移动的方式完全不同，他们还尽其所能地对图片进行信息采集。当被问及年龄时，被试的目光会转向画中人的面孔；当被问及财富时，被试的目光又会转移到画中人的穿着和财物上。

这意味着，大脑探询世界时，会积极地提取它所需要类型的信息。大脑不需要立即看到《意外归来》的一切，也不需要把所有的东西都存储起来，它只需要知道到哪里去获取信息即可。当眼睛探究世界时，它们就像执行任务的探员，能够优化自身获取数据的策略。即使它们是你的眼睛，你也不清楚它们的职责是什么。就像在玩射击电子游戏一样，眼睛在隐秘地运作，速度快到你笨拙的意识完全跟不上。

为了有效地说明自省的局限性，可以想象一下你在读这本书时的"眼动"。你的眼睛从一点跳到另一点。要理解眼睛这些动作之快、稳、准，我们只需观察别人阅读时的动作就能明白。然而，我们察觉不到眼睛对书本的细致的观察。相反，书中的思想似乎是从一个稳定的世界流入我们的大脑的。

因为人看东西似乎毫不费力，所以，要了解视觉就如同鱼要了解水一样困难：鱼从来没有体验过其他东西，所以它几乎不可能意识到水。但是如果有气泡经过，就可以为好奇的鱼提供关键的线索。像气泡一样，视错觉可以使人注意到自认为是理所当然的东西，因此它们是理解大脑幕后运行机制的关键工具。

毫无疑问，你可以看到图 2-6 中的立方体，即内克尔立方体。这个立方体是一个"多稳态"(multistable)刺激的例子，这个图像会在不同的感知之间来回翻转。选择你认为的立方体的"正面"，盯着它看一会儿，你会注意到有时正面会变成背面，立方体的方向会改变。如果你继续观察，它会再次切换，对这两种立方体方向的知觉会交替出现。值得注意的是：**书页上没有任何变化，所以变化一定是发生在你的大脑中。**

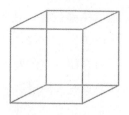

图 2-6　内克尔立方体

视觉是主动的，不是被动的。视觉系统解释刺激的方式不止一种，因此它在各种可能性之间来回翻转。同样的翻转方式也可以在脸-瓶错觉图(face-vase illusion)中看到：即使书页上什么都没有改变，你也依然会有时看到脸，有时看到花瓶。不过，你无法同时看到两者。

还有对这种主动视觉原理更惊人的演示。当向你的左眼展示一幅图像（比如一头奶牛），同时向你的右眼展示不同的图像（比如一架飞机）时，就会发生知觉切换。你无法同时看到两者，也不会看到两幅图像的融合。相反，你会看见其中一幅，然后看见另一幅，随后又看见刚才的那幅。你的视觉系统正在"仲裁"冲突信息之间的战斗，你看不到发生了什么，仅仅能看到某种知觉赢过了另一种。即使外界没有改变，大脑也会动态地呈现不同的解释。

除了主动解释外部世界，大脑还会自作主张地对知觉进行完善。以视网膜为例。视网膜是由一层位于眼睛后部的特殊感光细胞构成的。1668 年，法国哲学家兼数学家埃德姆·马略特(Edme Mariotte)偶然发现了一个意外的现象：视网膜中有一片相当大的区域没有感光细胞。这让马略特十分惊讶，因为视野是连续的，也就是说，在缺乏感光细胞的区域并没有出现相应的视野缺失。

视野真的没有缺失吗？马略特对此进行了更深入的研究，他发现，人的视野中有一个洞，即"盲点"。为了证明这一点，请闭上你的左眼，用右眼盯着

图 2-7 中的加号。

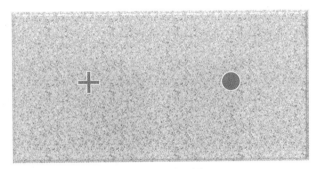

图 2-7　盲点示例

慢慢地前后移动书页，直到圆点消失——大约在距离书 30 厘米的位置。你之所以会看不到圆点，正是因为它落在了你的盲点上。

不要以为你的盲点很小，它其实很大。想象一下月亮在夜空中的大小，你的盲点可以遮住 17 轮月亮。

为什么在马略特之前没有人注意到盲点呢？为什么像米开朗琪罗、莎士比亚和伽利略这样的聪明人至死都没有发现这一现象呢？其中一个原因是，两只眼睛的盲点是不同的，位置不重叠，而这意味着，睁开双眼后，盲点被覆盖住了。更重要的原因是，大脑"填补"了在盲点处丢失的信息，所以没有人注意到这一点。注意一下你在盲点处看到的东西。当圆点消失时，你看到的并非一个白色或黑色的空洞，而是大脑编造的一小块背景图案。**当大脑缺乏视觉空间中特定位置的信息时，它会用周围的背景进行填补。**

你感知到的不是外界有什么，而是大脑告诉你的一切。

19 世纪中期，德国物理学家兼医生赫尔曼·冯·亥姆霍兹（Hermann von Helmholtz）已经开始产生了怀疑：从眼睛到大脑的数据流太小，根本无法解释丰富的视觉体验。他得出结论，大脑必须对输入的数据做出假设，而这些假设是基于以前的经验做出的。换句话说，只要给一点点信息，大脑就可以根据猜测把信息变得更丰富。

看图 2-8，根据以前的经验，你的大脑会假设视觉场景是由上面的光源照亮的。所以，上亮下暗的圆形会被看作凸出来的，相反的则被视为凹进去的。将图形向左或向右旋转 90 度可以消除错觉，清楚地显示出这些仅仅是平的、带阴影的圆圈。但当图形再次向这一方向翻转 90 度时，人们还是会情不自禁地产生有深度感的错觉。

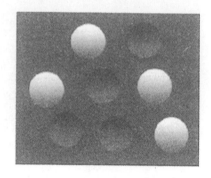

图 2-8　图中的圆形是平的吗

同样，基于对光源的经验，大脑也会对阴影做出无意识的假设：如果一个正方形投下了一片阴影，而阴影突然移动，那你就会相信正方形在深度上发生了变动。

看图 2-9。正方形根本没有移动过，代表它影子的暗方块的位置却稍有变化。这可能是因为上方的光源突然转移了位置。但基于以前对缓慢移动的太阳和固定电灯的经验，你的知觉会自动优先选择更可能的解释，即方块在朝你移动。

亥姆霍兹称这种视觉概念为"无意识推理"，其中，推理指的是大脑对可能存在的事物的猜测，无意识则提醒我们，我们没有意识到这个过程。我们没有权限进入这个快速运转的、收集和估测世界数据的自动机器内，而仅仅是它的终端的受益者，享受着光影的游戏。

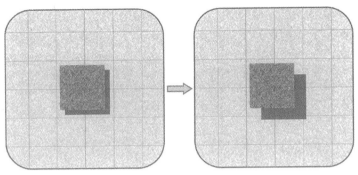

图 2-9　方块的位置动了吗

运动后效：大脑也会犯错吗

当我们仔细观察大脑这台机器时，会发现其中有一个叫作视觉皮质的区域，它是由特殊细胞和回路组成的复杂系统，这些回路之间有不同的分工：一些专门负责颜色，一些负责运动，一些负责边缘体验，还有一些则负责其他不同的功能。这些回路紧密相连，以组为单位运作。必要时，它们会撰写头条标题，但头条并没有注明所有的消息来源。有时我们会想，尽管构成视觉的神经机制十分复杂，但视觉还是很容易实现的。反过来说，视觉之所以容易实现，是因为它的神经机制足够复杂。

仔细观察这台机器时，我们发现视觉可以被解构为几部分。盯着瀑布看几分钟，然后将视线移到别处，短时间内你会感觉附近岩石之类的静止物体好像在向上移动。然而，虽然看起来移动了，但它们的位置其实并没有变化。其中的原因是你的运动探测器的不平衡活动，通常是上行信号神经元与下行信号神经元在相互抵消，让你看到了外部世界不可能发生的事：位置不变的运动。

这种错觉被称为"运动后效"或"瀑布错觉"，对于这种错觉，人类有着丰富的研究历史，甚至可以追溯到亚里士多德时期。这种错觉说明，视觉是不同模块的产物：在这种情况下，视觉系统的某些区域错误地认为岩石在移动，其他区域则坚持认为岩石实际上并没有动。正如哲学家丹尼尔·丹尼特（Daniel Dennett）[①] 所指出的，天真的内省者通常相信糟糕的电视屏隐喻，即在运动的同时保持静止是不可能的。但是，大脑的视觉世界并不像电视屏一样，大脑有时会得出"物体在进行位置不变的运动"这样的结论。

还有许多运动错觉同样让人感觉不到位置的变化。在某些特殊的图像（如旋转蛇）中，如果静态图像能够以正确的方式刺激运动探测器，那么图像看起来就像在运动。这些错觉之所以存在，是因为图像中细密的阴影刺激了视觉系统中的运动探测器，而这些探测器的活动就相当于对运动的知觉。如果你的运动探测器宣称某物正在移动，意识会毫不怀疑地相信它，而且还会体验到它。

关于这一原理，有一个典型的案例。1978 年，一位妇女一氧化碳中毒。幸运的是，她活了下来；不幸的是，她视觉系统的某些区域受到了不可逆的损伤，特别是与运动有关的区域。因为其余的视觉系统是完整的，所以她能够看到静止的物体，例如，她可以说出那边有一个球，这边有一部电话，等等。但她再也看不见运动的物体了。如果她站在人行道上试图过马路，她可以看到红色的卡车在远处，过一会儿车到了眼前，再过一会儿车又到了远处——她完全感觉不到卡车在运动。如果想把水壶里的水倒出来，她会看到倾斜的水壶，水壶上悬挂着一道闪光的水柱，最后水从杯子里溢出，但她看不见液体的流动。她的一生是由一系列快照组成的。就像瀑布错觉一样，她的运动盲表明，位置和运动在大脑中是可分离的。运动是"画在"人们对世界的认识中的，就像它被错误地画在上面的图像里一样。

物理学家认为运动是通过时间来改变位置的，但是大脑有它自己的逻辑。

---

① 丹尼尔·丹尼特是世界著名哲学家、认知科学家，他的著作《直觉泵和其他思考工具》《从细菌到巴赫再回来》的中文简体字版已由湛庐引进并策划，现已分别由浙江教育出版社、中国纺织出版社出版。——编者注

像物理学家而不是像神经学家那样思考运动，会导致人们对运动产生错误的预测。以棒球外野手接高飞球为例。他们如何决定去哪里拦截球？难道是他们的大脑呈现着球的位置？比如刚才在那儿，然后稍微靠近了一点儿，现在更近了。是这样吗？不是。

是外野手的大脑计算出了球的速度？不是。

是计算出了加速度？也不是。

科学家迈克·麦克贝斯（Mike McBeath）是个棒球迷，他试图探究接高飞球背后隐藏的神经计算原理。他发现，外野手使用的是无意识的思维程序。这种思维程序不会告诉他们球在哪里落下，而只会告诉他们奔跑的方法。他们在跑的时候，球原本的抛物线轨迹，从自己的角度看要一直呈直线。如果球的路径看起来偏离了直线轨迹，他们就会改变奔跑路线。

这个简单的思维程序引发了一个奇怪的预测：外野手不会直接冲向球的落点，而是会采取特殊的曲线奔跑路线到达那里。事实上，球手正是这样做的，麦克贝斯和他的同事通过航拍视频验证了这一点。因为这种奔跑策略没有给出球与人的交叉点的信息，球手只有在跑动的同时不断调整路线才能到达落点，这个思维程序解释了为什么外野手在追逐高飞球时会撞到墙壁。

所以，我们可以知道，球手要想成功地接球或拦截，大脑系统并不需要清楚地标出球的位置、速度或加速度。这可能不符合物理学家的预测，并引出了这样一个观点：内省并不能对幕后发生的事情提出一些有效的建议。外野手巨星，如莱恩·布劳恩（Ryan Braun）和马特·坎普（Matt Kemp），不会意识到这些程序的运行，他们只是在享受结果和赚钱。

为什么"看"也需要学习

3 岁时，迈克·梅（Mike May）因为一次化学爆炸而完全失明了。但这并没有阻碍他成为世界上最好的盲人速降滑雪运动员，以及成为一名成功的商人，并拥有家庭。43 年后，他听说有了一种新的外科手术，这种手术也许能够帮他恢复视力。虽然在盲人生涯中很成功，但他还是决定做手术。

手术后，医生将他眼睛周围的绷带拆除。在摄影师的陪同下，迈克坐在椅子上，他的两个孩子被带了进来。这是一个重要的时刻——这将是他第一次用拥有视力的眼睛注视他们的脸。在照片中我们看到，当孩子们向迈克微笑时，迈克脸上露出的却是愉快但尴尬的笑容。

这一幕本来应该很感人，结果却并非如此。迈克的眼睛现在运行得很好，但他会十分困惑地盯着面前的物体。他的大脑不知道如何处理输入的如此大量的信息。他没有感知到孩子们的脸，而只是体验到了边缘、颜色和灯光之类的无法解释的感觉。虽然他的眼睛功能正常，但他没有"视力"。

这是因为大脑必须学会如何去看。只有经过长时间的研究，弄清了世界上的物体是如何相互匹配的，头脑中奇异的"电子风暴"才能变成意识的"摘要"。例如，当迈克走在走廊上时，他从以往的人生中知道，沿着走廊往下走，墙是平行的，相距一臂远。因此，当他的视力恢复时，"透视线会聚"的概念超出了他的理解范围。他的大脑对此毫无理解能力。

同样，当我还是个孩子的时候，我遇到了一位失明的女性，她对房间和家具的布局非常熟悉，这让我十分惊讶。我问她是否能比大多数有视力的人更准确地绘制出房间的蓝图。她的回答让我吃惊：她说自己根本画不出蓝图，因为她不明白有视力的人如何把三维的物体（房间）呈现在二维的纸上。她对此毫无概念。

视力，并不是简单地意味着一个人用清澈的眼睛面对世界，事实上，对沿视神经流动的电化学信号的解释必须加以训练。迈克的大脑不明白自己的动作是如何改变感官的结果的。例如，当他把头移到左边时，场景就向右边移动。天生视力正常的人的大脑能够预测这种情形，并且知道如何应对。但迈克的大脑对此感到困惑。这说明了一个关键点：**只有对感官结果进行准确的预测时，意识的视觉体验才会产生**。关于这一点，后文会再次提到。因此，虽然视觉似乎是客观事物的再现，但它不是"免费"的，它需要学习。

看东西、踢椅子、观赏银器、抚摸妻子的脸……在四处走动了几个星期后，迈克逐渐拥有了和他人一样的视觉体验。他现在体验视觉的方式和正常人一样，他对拥有视力充满感激之情。

迈克的故事表明，大脑可以输入大量的信息并学会理解它，但这是否意味着你可以用一种感觉来替代另一种感觉？换句话说，如果你从摄像机上获取一个数据流，并将它转换成不同的味觉或触觉输入，你最终会看到这个世界吗？令人难以置信的是，的确会这样，而且这个结论影响深远。

不同的感觉可以相互代替吗

20 世纪 60 年代，神经学家保罗·巴赫伊丽塔（Paul Bach-y-Rita）在威斯康星大学开始思考如何给盲人以视觉。不久前，他父亲在脑卒中后奇迹般地康复了，这使保罗沉迷于对大脑动态重构的潜能的研究。

保罗提出了一个问题：大脑能用一种感觉代替另一种感觉吗？他决定尝试对盲人呈现触觉"显示"。他的办法如下：在人的额头安装一部摄像机，将输入的视频信息转换成安装在人背后的振动器的微小振动。请想象一下，带上这个装置，蒙着眼睛在房间里走来走去。起初，你会感觉到背部有奇怪的振动模式。虽然振动会随着你的运动而变化，但是你很难弄清楚到底发生了什么。当小腿撞到咖啡桌上时，你会想："这真的和视觉完全不同。"

果真如此吗？当盲人戴上这些视觉－触觉转换眼镜，四处走动一周后，他们就能很好地适应新的环境了。他们可以把背上的感觉转化为正确的行动方式。但这还不是最令人震惊的部分。最令人震惊的是，他们已经开始通过触觉输入进行感知——用触觉去"看"了。经过充分的练习，触觉输入已经不仅仅是一个需要翻译的认知难题，而成了一种直接的感觉。

你可能会对来自背部的神经信号能代表视觉这一发现感到奇怪，但要知道，视觉也是由数百万条神经信号所携带的，而这些神经信号仅仅是沿着不同的"电缆"传播而已。在颅骨中，大脑完全被黑暗包围。它什么也看不见，它所知道的只有这些微小的信号，别的什么也没有。然而，你却能感知世界上不同的亮度和颜色。大脑位于黑暗中，思维却在构筑光明。

对大脑来说，无论这些信号来自哪里，无论是来自眼睛、耳朵还是其他地方，都没有关系。只要你在推、捶、踢的时候，它们能与你的动作相联系，大脑就能构建我们称之为视觉的直接知觉。

对其他感觉的替代的研究也在积极进行中，例如埃里克·维恩梅尔（Eric Weihenmayer）的故事。埃里克是一位杰出的攀岩者，通过身体向上的爆发力以及紧紧附着在立足点和抓柄上，他能够攀爬极为陡峭的岩壁。他的成就源于他是位盲人。他在出生时就患有被称为"视网膜劈裂"的罕见眼病，并在 13 岁时完全失明。然而，这并没有打碎他成为登山者的梦想，2001 年，他成为第一位也是迄今为止唯一一位成功登上珠穆朗玛峰的盲人。如今，他攀登时会将一个由 600 多个微小电极组成的电子装置放在嘴里，这个装置名叫"BrainPort"。这种装置可以让他在攀爬的时候用舌头"看"东西。虽然舌头通常是一个味觉器官，但当一个微小的电极栅置于舌头表面时，湿度和化学环境可以使它成为一个极好的脑机接口。这个装置将视频输入转换成电脉冲模式，使舌头能够识别通常属于视觉的特质，如距离、形状、运动方向和大小。这种装置提醒我们，我们不是在用眼睛看，而是在用大脑看。这项技术最初是用来帮助盲人的，但是近些年的一些应用装置开始把红外线或声呐输入这种装置中，这样就可以让潜水员在黑暗的水下也能看清物体，或者让士兵在黑暗中有全方位的视觉。

埃里克说，虽然他第一次用舌头的刺激感受到的是无法辨认的边缘和形状，但是他很快就学会了在更深的层次上感受这些刺激。现在，他可以轻易地拿起一杯咖啡或者和女儿来回踢球。

如果用舌头"看"听起来很奇怪，那么可以想象一下盲人学习盲文的体验。最初，盲文只是些凸起，慢慢地，这些凸起有了意义。如果很难想象从认知难题到直接感知的转变，那你可以想一下自己阅读这一页上的文字的方式。你的眼睛毫不费力地在这些复杂的形状上扫过，而没有意识到自己正在解读它们——这些词的意义直接浮现了出来。你感知到的是语言，不是字形的细节。要明白这一点，试着读一读下面这段话：

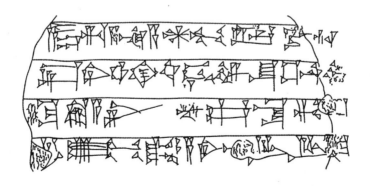

如果你是一个古老的苏美尔人，那你就很容易理解这些文字的意义，根本不会意识到这些文字的形状。如果你来自中国云南省景洪市而不是中国的其他地区，那下面这句话的意义也是显而易见的：

ყθ Ɛ၍ၮၰၣ ၮၮყɛ Ɛၰ � ၅ၧ၄ၶၐ၄ ၯၘၴၶၰၰ ၄ၴၔ Ɛၰ ၄'.

如果你是一个讲伊朗俾路支语的人，那下面这句话一定非常有趣：

توامين انسان بنى صورتءَ شرپدارين ءُ آجونىء دروشمءَ ودى بنت اين. اشانى تها زانت، سرپدى ءُ شعور است بيت ۔اے وت ما وتا براتى منيل ءُ يكجائىءَ بـ ودين انت.

对楔形文字、新傣仿文或俾路支语的读者而言，本页中的其他文字看起来就像外语一样，他们完全无法理解，就像你也完全无法理解他们的文字一样。但是，理解本页中的文字对你来说毫不费力，因为你已经把认知解读变成了直接感知。

进入大脑的电信号也是如此：起初，它们毫无意义，随着时间的推移，它们会产生意义。就像你立即"看到"这些词的意思一样，大脑也"看到"了大量同步的电信号和化学信号，比如"一匹马在大雪覆盖的松树间飞奔"这句话。对前面提到的 3 岁失明的迈克·梅的大脑来说，传入的神经字符仍然需要翻译。由"马"产生的视觉信号是无法解释的神经活动，大脑只能给出些许提示，比如那里好像有什么东西；他视网膜上的信号就像俾路支语一样，大脑只能努力地逐字翻译。对埃里克的大脑来说，他的舌头在用新傣仿文发送消息，但是通过充分的练习，他的大脑已经学会了理解这种语言。在这一点上，他对视觉世界的理解和对他母语的理解一样简单。

这是大脑可塑性的一个惊人的证据。在未来，我们可以将全新的数据流直接输入大脑，如红外视觉、紫外视觉，甚至天气数据或股票市场数据。大脑刚开始吸收数据会很艰难，但最终它会学会讲述这种语言。我们将能够添加新的功能和推出"大脑 2.0"。

这种想法不是幻想，对它的研究已经开始了。研究人员杰拉尔德·雅各布斯（Gerald Jacobs）和杰里米·纳森斯（Jeremy Nathans）提取出了人类的感光色素的基因——在视网膜上吸收特定波长的光的蛋白质，并将其移植到了患有色盲的老鼠身上。发生了什么？老鼠获得了彩色视觉，它们可以分辨不同的颜色了。假设给它们一项任务，它们可以通过触碰一个蓝色按钮来获得奖励，触碰红色按钮则不会得到奖励。在每次实验中，按钮的位置是被随机放置的。结果表明，被移植了感光色素基因的老鼠学会了选择蓝色按钮，对正常老鼠来说，它们则无法区别不同颜色的按钮，只会随机选择。也就是说，获得新视觉的老鼠的大脑已经弄清楚了如何"听"眼睛"说"的新语言。

在进化的自然实验室中，人类存在相似的现象。至少有 15% 的女性出现了基因突变，这使她们有了额外的（第四）类型的感光细胞，她们因此能够辨别出只有三种颜色感光细胞的人所辨别不出来的颜色。对大多数人来说看起来一样的两种颜色，有些女性却能清楚地辨别出来。不过，没有人清楚关于时尚的争论有多少是由这种突变引起的。

所以，将新数据流输入大脑并不仅仅是一个理论，它已经以各种伪装的形式存在了。新输入的操作的简单性看起来令人十分惊讶。神经学家巴赫伊丽塔简单概括了他几十年的研究："只要给大脑提供信息，它就会明白。"

如果其中任何一个理论改变了你对现实的看法，那么也请你一定要注意，因为这些理论将会变得更加奇怪。接下来你会了解到，为什么"看"和眼睛并没有多大关系。

大脑内部不受外部输入约束的活动

以传统的感知观点看来，数据从感官涌入大脑，按照感官的层次运作，使人能看到、听到、闻到、尝到、触碰到——这就是"感知"。但近些年的研究数据表明，这是不正确的。准确地说，大脑是一个极度封闭的系统，在自身内部产生的活动中运行。我们已经检测出很多这种活动的例子了，例如，呼吸、消化和行走是由脑干和脊髓中的自主运行的活动发生器控制的。在睡梦中，大脑与正常的输入相分离，因此内部刺激是大脑皮质刺激的唯一来源。在清醒状态下，内部活动是想象和幻觉的基础。

这个理论框架中更令人惊讶的是，内部数据并不是由外部感官数据生成的，而仅仅是由它自己来调整的。1911 年，苏格兰登山者兼生理学家托马斯·格雷厄姆·布朗（Thomas Graham Brown）发现，使人能够行走的程序是由脊髓控制的。他切断了猫腿上的感觉神经，并证明猫能在跑步机上完美地行走。这表明，行走程序是在脊髓内部产生的，来自腿部的感觉反馈仅仅被用来调节程序，比如当猫踩在光滑的表面上需要保持直立时。

其实，不仅脊髓，整个中枢神经系统都是这样运作的：内部产生的活动受感觉输入的调节。根据这个观点，醒着和睡着的区别仅仅在于眼睛接收的数据是否约束了知觉。睡眠视觉（梦）是一种与现实世界中任何事物都不相关的知觉；清醒的知觉与做梦类似，只是呈现在眼前的东西会产生更大的影响。在被关在漆黑的禁闭室里的囚犯以及待在感觉剥夺室里的被试身上，也发现了这种知觉不受约束的例子。这两种情况都会很快引起幻觉。

在患有眼疾和丧失视力的人中，有 10% 的人会出现视觉幻觉。就患有释放性幻觉（Charles Bonnet syndrome，又称为邦尼特综合征）的患者来说，他们虽然失去了视力，但仍然会看到一些物体，比如花朵、鸟、其他人、建筑物，而且他们也知道这些都是不真实的东西。18 世纪，瑞士自然博物学家查尔斯·邦尼特（Charles Bonnet）最早描述了这一现象。他注意到，他的祖父在因白内障而失去视力后，仍然会试图去触碰面前并不存在的物体和动物。

这种疾病已经在文献中记载了几个世纪，两个原因导致它一直未能得到确诊。第一，许多医生不知道这一点，并将其症状归因于痴呆症。第二，出现幻觉的人因为知道他们看到的东西是大脑制造的假象而感到为难，根据几项调查，他们中的绝大多数人都因为害怕被诊断为精神疾病而不向医生提及自己的症状。

在临床医生看来，最重要的是患者是否可以进行实际检查，并知道自己产生了幻觉；如果是这样，视觉就会被判定为"假性幻觉"（pseudohallucination）。当然，有时人们很难知道自己是否产生了幻觉。例如，由于幻觉，你可能会在桌子上发现一支银色的钢笔，你不会怀疑它的真实性，因为它的存在是合理的。只有当出现离奇的幻觉时，你才比较容易发现自己出现了幻觉。就我们所知道的，我们一直在产生幻觉。

正如我们所知，正常知觉与幻觉并没有本质上的不同，后者只是不受外部输入的约束而已。幻觉可以被看作不受约束的视觉。总的来说，这些奇怪的事实为我们观察大脑提供了一种出乎意料的方法。

早期的脑功能理论完全基于大脑与计算机的类比：大脑是一种输入 - 输出装置，它通过不同的加工阶段将感官信息传递到终点。

后来，这种流水线模型开始受到质疑，人们发现大脑中的线路并不是单向地从 A 到 B 到 C，而是有反馈回路的，从 C 到 B，从 C 到 A，或从 B 到 A。大脑中有与前馈（feedforward）一样多的反馈，大脑线路的这个特点在学术上被称为递归（recurrence），口语中被称为循环（loopiness）。与其说像一条流水线，整个系统看起来更像一个市场。对一些细心的观察者来说，神经的这个特性增加了一种可能性，即视知觉并非从眼睛到后脑某个神秘终点的数据处理过程。

事实上，由于嵌套的反馈连接如此广泛，以至系统甚至可以反向运行。也就是说，以前人们认为初级感觉区只处理输入，然后传输到大脑的高级区域进行更复杂的解读，现在则认为大脑高级区域也可以直接同低级区域"对话"。例如，闭上眼睛，想象一只蚂蚁在一块红白相间的桌布上向一瓶紫色果冻爬去。你的视觉系统的低级区域被刺激了，虽然并没有真正看到蚂蚁，但你通过想象"看到"了它。高级区域会驱动低级区域，所以虽然眼睛向这些低级区域传输信息，但是系统的相互关联性却使这些区域能秘密地自动运行。

这还不是最奇怪的。由于不同的感官之间会相互影响，因而大脑原有的认知会被改变。通过眼睛进入的信息不仅仅是视觉系统的事，大脑的其他部分也会参与其中。在口技表演中，声音来自一个地方，即口技表演者的嘴，你的眼睛却在另一个地方看到了正在说话的嘴，即口技表演者的"假人"。于是，你的大脑得出结论，声音来自"假人"的嘴，口技表演者没有"发出"自己的声音。你的大脑做了所有的工作。

以麦格克效应（McGurk effect）为例。当听到的音节（ba）的嘴唇动作与看见的视频中发出不同音节（ga）的嘴唇动作同步时，你会产生强烈的错觉，会听到另一个音节（da）。这是由脑中密集的互连和循环导致的，它让语音和嘴唇运动的线索在早期处理阶段就结合了。

视觉通常会影响并支配听觉，但闪光错觉效应（illusory flash effect）是一个例外：当一个闪烁点的一次闪烁伴随着两次"哔哔"声出现时，闪烁点似乎闪了两次。这与被称为"听觉驱动"（auditory driving）的现象有关，闪光速度会根据相伴随的"哔哔"声的速度而表现得或快或慢。这类简单的错觉可以作为了解神经回路的有力线索，告诉我们视觉系统和听觉系统彼此紧密地联系在一起，试图将一个统一的外界事件联系起来。早期的脑功能理论中的流水线模型不仅仅是误导，而且大错特错。

那么，大脑回路的优势是什么呢？它使得生物能超越刺激 - 反应行为，赋予它们在实际感觉输入之前进行预测的能力。想想棒球比赛中接高飞球这一行为吧。如果你仅仅是一个流水线设备，你就做不到这一点：从光线击中你的视网膜到你可以执行一个命令，会有几百毫秒的延迟。你的手总是伸到球经过的位置。你能接住棒球，是因为你有布线好的内部物理模型。这些内部模型根据重力加速度的作用做出球将在何时、何处落地的预测。内部预测模型的参数在一生中会不断地通过日常经验得到调整。这样，我们的大脑不单单依据最新的感觉数据工作，而且会预测球的飞行轨迹。

外部世界的内部模型是一个广泛的概念，这只是一个具体的例子。如果你要在特定条件下执行某些动作，大脑内部会模拟将要发生的事。内部模型不仅在运动行为中起作用，如捕捉和躲避，还构成了意识知觉的基础。早在 20 世纪 40 年代，思想家们就开始相信，**知觉不是通过积累捕获的数据来实现的，而是通过将预测与传入的感官数据相匹配来实现的。**

听起来很奇怪的是，我们的期望会影响自身所看到的，这是内部预测模型的灵感来源。

　　这个构架最早的例子之一来自神经科学家唐纳德·麦凯（Donald MacKay），他在 1956 年曾提出，视觉皮质从根本上说是一台机器，其工作是生成一个世界模型。他认为，初级视觉皮质构建一个内部模型，能够预测从视网膜上传来的数据。大脑皮质将它的预测发送到丘脑，丘脑报告眼睛接收到的信息和预测的信息之间的差异。丘脑只向皮质发出有差异的信息，即未被正确预测的信息。这种未被正确预测的信息调整了内部模型，以降低其在未来的不匹配程度。就这样，大脑通过注意它的错误来改进其创建的世界模型。麦凯指出，这种模式是符合解剖学的，从初级视觉皮质投射到视觉丘脑的纤维数量是其他方向的 10 倍。正如预期的那样，详细的预测从皮质发送到丘脑，而向其他方向移动的信息只代表携带差异的一小部分信号。

　　这一切说明，知觉反映了感官输入与内部预测的自主比较。这为我们理解一个更大的概念提供了方法：只有当感官输入与预测的信息不一致时，人们才会产生对周围环境的意识。当周围世界能够被成功地预测时，人们就不再需要意识了，因为大脑可以做好自己的工作。例如，第一次学骑自行车时，你必须集中大量的意识；一段时间后，当你的感觉 – 运动预测已经完善，骑车就不再需要意识。

　　我不是说你不知道自己在骑自行车，而是说你不知道自己是如何握着车把、给踏板施加压力和平衡身体的。有了丰富的经验，大脑就能确切地"知道"当你做某个动作时要预测什么。所以，你不会意识到运动和感觉，除非有东西发生了变化，比如遇到强风或者轮胎瘪了。当这些新的情况导致正常的预测被破坏时，意识就会重新上线，你的内部模型也会随之调整。

　　在你自己的动作和由此产生的感觉之间的这种可预测性导致你不能使自己发痒。其他人可以逗你痒，因为他们的挠痒痒动作是你不可预测的。如果你真的想这样做，有一些办法可以从你自己的行为中去除可预测性，这样你就可以让自己发痒了。想象你在控制一支带有延时操纵杆的羽毛：当你移动操纵杆时，在羽毛移动之前至少有一秒钟的时间。这剥夺了可预测性，并赋予了你自己挠痒的能力。有趣的是，精神分裂症患者可以挠痒，因为他们的计时有问题，他们的运动动作和由此产生的感觉不能被准确预测。

大脑作为一个循环系统有自己的内部动态，这使我们能够了解其他古怪的疾病。以安东综合征（Anton's syndrome）为例。脑卒中使患者失明，而有安东综合征的患者却否认自己失明。一群医生会站在床边说："约翰逊太太，我们有多少人围着你的床呢？"她会自信地回答："4个。"实际上有7个人。医生会说："约翰逊太太，我举着几根手指？"她会说："3根。"事实上，他一根也没有举。当医生问"我的衬衫是什么颜色"时，如果衬衫是蓝色的，她会说是白色的。患有安东综合征的人并不是假装自己不是盲人，而是真的相信自己不是盲人。他们的口头报告虽然不准确，但并不是在撒谎。

相反，他们正在经历自己认为的视觉，但这都是由大脑内部产生的。通常，一个患有安东综合征的患者在脑卒中后不会立即就医，因为他不知道自己是盲人。只有在不断撞到家具和墙壁之后，他才开始感到不对劲。虽然患者的答案看起来很奇怪，但这可以理解为其内在模型：外部数据由于脑卒中而不能到达正确的位置，所以患者的现实只是由大脑产生的，与现实世界没有什么联系。从这个意义上说，患者所经历的与做梦或幻觉没有不同。

我们看到的世界一定是真实的吗

不仅我们的视觉和听觉是大脑建构的，我们对时间的知觉也是如此。

当你打响指时，眼睛和耳朵就记录了响指的信息，然后交由大脑其他部分进行处理。但是信号在大脑中移动得相当慢，比铜线上携带信号的电子要慢百万倍，所以大脑对信号的处理需要时间。而当你察觉到的时候，响指已经成为过去了。你的感知世界总是落后于现实世界。换句话说，你对世界的感知就像一个正在"直播"的电视节目，这些节目并不是真正的"直播"。相反，这些节目播出的时间延迟了几秒钟，以防有人言语不当、受伤或不慎走光。你的意识也是如此：它先收集大量的信息，然后才会将其展现出来。

更加奇怪的是，听觉信息和视觉信息在大脑中是以不同的速度加工的，然而，看到打响指和听到响指的声音却似乎是同时出现的。此外，你决定打响指和打响指本身似乎也是同时发生的。因为对动物来说，准确掌握时间很重要，所以大脑会做一些有趣的编辑工作，从而有效地把信号结合起来。

简单地概括来说，时间是一个心理建构，不是精确反映正在发生的事件的度量表。你可以自己证明时间的奇怪之处：在镜子里看着自己的眼睛，然后来回移动你的焦点，一会儿看右眼，一会儿看左眼，如此反复。你的眼睛需要几十毫秒才能从一个位置移动到另一个位置，但神奇的是，你从来没有看到过它们在移动。在你的眼睛移动的间隙发生了什么？为什么你的大脑不关心视觉输入的微小缺失？

此外，事件持续的时间也很容易被扭曲。通过观察墙上的时钟，你可能会注意到这一点：秒针在开始正常的"滴答"之前，似乎停滞了稍微长的时间。在实验室中，简单的操作就可以揭示持续时间的延展性。例如，假设我在电脑屏幕上用半秒钟的时间闪过一个方块，接着再闪过第二个更大的方块，你会认为第二个方块持续的时间更长。如果我闪过一个更明亮的方块也是如此。这些都会被认为比原来的方块持续时间更长。

还有另一个有关时间的奇怪例子：想一想你是如何知道自己什么时候做了某件事，以及你什么时候感受到了结果。如果你是一名工程师，你可以合理地假设，你在时间点 1 所做的事会在时间点 2 产生感觉的反馈。然而你会惊讶地发现，在实验室里，我们可以让你觉得好像时间点 2 发生在时间点 1 之前。

想象一个场景：你按下一个按钮，按钮可以触发闪光。现在假设在你按压按钮和触发相对应的闪光之间延迟一点时间，比如 0.1 秒。按下按钮几次后，大脑就会适应这种延迟，从而使这两个事件在时间上显得更近一些。一旦你适应了延迟，我们会突然在你按下按钮后立即发出闪光。在这种情况下，你会觉得闪光发生在你行动之前：你体验了行动和感觉虚假的逆转。这个错觉可能是反映了运动 – 感觉时机的再校准，因为我们之前的期望是感官结果应随着运动行为立即发生。校准输入信号的时间期望的最佳方法是与世界互动：每一次一个人在某物上拳打脚踢时，大脑就可以假设声音、视觉和触觉是同时发生的。如果其中一个信号延迟到达，大脑会调整其期望值，以使这两个事件在时间上更加接近。

解读运动信号和感觉信号被安排的时间，不仅仅是大脑的小绝活，它对于解决因果关系问题也至关重要。实际上，因果关系需要一个时间顺序加以判断：运动行为是在感官输入之前，还是在感官输入之后呢？在一个接受多感官输入的大脑中，解决这个问题的唯一办法就是保持信号的预期时间被正确地校准，这样，在面对不同速率的不同感觉传导时，"前"和"后"就可以被精准地判断。

无论是在我的实验室还是在其他实验室，时间知觉都是一个进展颇多的研究领域，但我想说的是，**我们的时间意识——时间过了多久和何时发生了什么，都是由大脑建构的。这种感觉很容易被操纵，就像视觉一样。**

所以，有关感觉的第一节课就是：不要相信你的感觉。仅仅因为你相信某件事是真的，或者仅仅因为你知道它是真的，并不意味着它就是真的。战斗机飞行员服从的最重要的准则是"信任你的仪器"，因为感官会告诉你最无耻的谎言，如果信任它们，而不是驾驶舱里的仪表盘，你就很容易机毁人亡。所以如果下次有人问："你相信谁，我，还是你说谎的眼睛？"就请认真思考一下这个问题吧！

毕竟，我们几乎不知道"外面"发生了什么。大脑做出了节省时间和资源的假设，试图只看到需要看到的世界。当你认识到，除非问自己关于它们的问题，否则你对大多数事情都没有意识时，你就已经迈出了自我探询的第一步，也就明白了，我们在外部感知到的东西是由我们无法接触到的大脑产生的。

　　大脑这台不可接近的机器里的原则和丰富的幻觉，不仅被用于视觉和时间知觉之类的基本知觉，它们也被用于更高的层次：想法、感觉和信念。关于这一点，我们将在下一章了解到。

Incognito

第 **3** 章

无意识掌控下的自我

Incognito

◖● 人们为什么更愿意跟与自己姓名首字母相同的人结婚？

◖● 如何运用掷硬币来寻求直觉的帮助？

◖● 为什么当人们第二次听到一种观点时，更可能相信它是真的？

我不能领会我的全部。

——奥古斯丁（Augustine）

内隐记忆：为什么意识无法获取大脑所有的知识

大脑所知道的和你的心智能做到的事情之间存在着一道若隐若现的断层。想一想你在开车时变换车道的简单动作。闭上眼睛，抓住一个假想的方向盘，然后做一个变换车道的动作。假设你在左车道行驶，你想移动到右车道。继续往下读之前，先把书放下试试看。如果你能正确地做到，那你真是太牛了。

这是一项相当容易的任务，你可能会把方向盘打正，接着向右打一会儿，然后再把它打正。

就像几乎所有人一样，你完全错了。将轮子向右打，然后再打正，你会把车从左车道开上人行道。变换车道的正确动作应该是：将轮子向右打，然后再打正，继续将轮子向左打，然后再把它打正。不相信吗？等你下次开车时可以自己证明一下。这只是一项简单的操作任务，你在日常驾驶中完成它毫无问题。但当被迫有意识地思考这个问题时，你就会感到困惑。

变换车道只是其中一例。你没有意识到大脑中大部分的活动，你也不想这样做，因为这会干扰大脑流畅的运行过程。要想把钢琴曲弄得一团糟，最好的办法就是专注于手指；想要扰乱呼吸，最好的方式就是想着你在呼吸；想要错过高尔夫球，最好的方法就是分析你的挥杆动作。而这种智慧对孩子来说显而易见。

能够记住变换车道这样的运动行为的能力被称作程序记忆，它是一种内隐记忆（implicit memory）。这意味着大脑掌握了思维无法明确访问的知识。骑自行车、系鞋带、在键盘上打字或者在打电话时把车停在停车位上，都是类似的例子。你可以轻松地执行这些操作，但不知道这些操作的细节。当你一边托着托盘一边在自助餐厅里穿行时，你根本说不出肌肉收缩和放松的完美节奏，然而你并不觉得这有什么困难。这就是大脑所能做的和你所能意识到的事情之间的断层。

内隐记忆的概念有着丰富的、鲜为人知的历史。17 世纪初，笛卡尔已经开始怀疑，尽管对世界的经验被存储在记忆中，但并不是所有的记忆都可以被访问。这个概念在 19 世纪后期由心理学家赫尔曼·艾宾浩斯（Hermann Ebbinghaus）重新提起，他写道："大部分经验仍然隐藏在意识中，而且仍然能产生有意义的影响，从而证明以前的经验是存在的。"

意识在某种程度上是有用的，但它只在少数情况下和非常特殊的任务中有用。对于为什么你不想有意识地意识到肌肉运动的复杂性，可能还很容易理解，但当这个道理应用到感知、思想和信念领域时，可能就不那么直观了，因为这也是亿万神经细胞活动的最终产物。下面，我们更进一步地来了解一下。

我们与世界的互动是无意识的吗

当鸡孵化后，大型商业孵化场通常要将雄性和雌性分开，这种区分性别的做法被称为雏鸡性别鉴定。性别鉴定是十分有必要的，因为不同性别的小鸡要接受不同的饲养方案：对小母鸡来说，它们要下蛋；对小公鸡来说，因为不能下蛋，所以它们会被处理掉，只有少数被留下来作为肉鸡。所以，小鸡性别鉴定师的工作是快速确定小鸡的性别，然后把它们放进正确的桶里。这项任务十分困难，因为小公鸡和小母鸡看起来完全一样。

后来，日本人发明了一种肛门性别鉴定法，通过这种方法，专业的小鸡性别鉴定师能够快速地确定刚孵化一天的小鸡的性别。从 20 世纪 30 年代开始，来自世界各地的家禽养殖者都来到日本的小鸡性别鉴定学校学习这项技术。

但令人感到不可思议的是，没有人能确切地解释是怎么区分清楚小鸡的性别的。这基于非常微妙的视觉线索，但专业小鸡性别鉴定师也说不出这些线索是什么。相反，他们只要看着小鸡的尾部（肛门所在的地方），就能很轻易地知道该把它们放进哪个桶里了。

小鸡性别鉴定专家教学生的方法如下：老师站在学生旁边看，学生们拿起一只小鸡，检查它的尾部，然后把它扔到一个桶里。最后，老师给出正确或者不正确的反馈。这样锻炼几周后，学生的大脑就被训练得能娴熟地区分小鸡的性别了，不过，他们是无意识的。

同样，类似的故事在另一个国家也发生过。

第二次世界大战期间，面对不断的空袭威胁，英国需要迅速而准确地分辨入境的飞机：它们是返回基地的英军的飞机，还是前来轰炸的德军的飞机。一些飞机爱好者被证明是优秀的"观测者"，所以军方立刻雇用了他们。飞机观测者的价值极高，英国政府想尽办法招募这样的观测者。然而，这些人太过稀有，难以找到。因此，英国政府要求现有的观测者培训其他人。这是一项艰难的尝试。观测者试着表达他们的策略，但是失败了。没有人能理解他们的方法，甚至他们自己都不能理解。就像小鸡性别鉴定师一样，飞机观测者也不知道自己是如何做到的，但他们就是知道正确答案。

后来，稍动脑筋，英国政府终于想到了培养新观测者的方法，即试错反馈。新手大胆地给出猜测，然后专家进行确认。最终，新手也成了拥有这门神秘而又无法表达的技能的专家。

知识和意识之间可能存在很大的断层。当我们研究不适合内省的技巧时，惊喜地发现内隐记忆与外显记忆（explicit memory）完全分离：一种记忆受到损害时，另一种记忆却毫发无伤。以顺行性遗忘症（anterograde amnesia）患者为例，他们不能有意识地回忆起生活中的新经历。如果你花了一个下午试图教他们玩俄罗斯方块，第二天他们会告诉你，他们对这些经历毫无印象，以前从未听说过这个游戏，而且很可能也不知道你是谁。但如果你在第二天看他们在游戏中的表现，你会发现他们和没有失忆的人差不了多少。很明显，他们的大脑已经学会了游戏，但他们的意识根本无法接近这些知识。有趣的是，如果你在夜间叫醒一位白天玩过俄罗斯方块的顺行性遗忘症患者，他们会说自己梦见了五颜六色的正在下落的方块，但不知道为什么。

当然，不只是小鸡性别鉴定师、飞机观测者和顺行性遗忘症患者会进行无意识的学习，实际上，每个人在生活中做的每件事都依赖于这一进程。例如，你可能不知道如何描述你父亲的走路姿态、鼻子的特征、笑的方式，但当看到某个人走路的姿势、外貌或者笑容与你父亲的类似时，你就会立刻发觉。

内隐偏见：能否从个人的行为了解其真正的想法

人们常常不知道埋藏在无意识洞穴中的是什么。在这方面，最臭名昭著的一个例子就是种族主义。

考虑一下这种情况：一家员工全是白人的公司的老板拒绝雇用一位黑人求

职者，这个案子被提交给法院审理。老板坚持认为自己不是种族主义者，求职者则坚持认为他是。法官不知所措，毕竟，他怎么才能知道某个人的潜意识里潜伏着某种偏见，影响着他们的决定，甚至他们自己都没有意识到呢？人们并不总会说出自己的想法，从某种程度上说，这是因为人们并非一直知道自己的想法。正如英国作家 E. M. 福斯特（E. M. Forster）曾打趣地说的那样："除非我听到我说的话，否则我怎么知道我的想法。"

但是，如果有人不愿意说，那有没有办法探究其潜意识中的东西？有没有办法通过观察某人的行为来挖掘其隐藏的信念？

想象一下，你坐在一个屏幕面前，当屏幕上出现表示积极意义的词（高兴、爱、快乐等）时，你被要求按下屏幕右边的按钮；当屏幕上出现表示消极意义的词（可怕、讨厌、失败等）时，你要按下屏幕左边的按钮。很简单吧？现在改变一下要求：当看到胖子的照片时，你要按右边的按钮；看到瘦子的照片时，要按左边的按钮。这也很容易。但接下来的任务是事物成对出现的：当看到表示积极意义的词和胖子时，你要按右边的按钮；当看到表示消极意义的词和瘦子时，要按左边的按钮。在另一组实验中，你要做同样的事情，但按按钮的方式相反。

结果可能令人不安。当成对出现的事物在无意识中有强烈的联系时，人们的反应时间会更快。例如，如果胖子与被试的无意识之间的联系是消极的，那么当胖子的图片与消极词的按钮相联系时，被试的反应就会更快。在相反的概念被联系的过程中（瘦与坏），被试会花更长的时间来反应，这可能是因为配对比较困难。这项实验已经被修改，并被用来测量人们对种族、宗教信仰、性取向、肤色、年龄、残疾和总统候选人的内隐态度了。

另一种找出内隐偏见的方法是测量被试移动鼠标的方式。想象电脑的鼠标光标停留在屏幕底部，在屏幕的上方有标有"喜欢"和"不喜欢"字样的两个按钮。当某个词出现在中间时，比如某个宗教的名称，你需要尽快移动鼠标来回答你是否喜欢这个宗教。你没有意识到的是，鼠标光标移动的精确轨迹被记录了下来——每时每刻经过的每个位置。通过分析你的鼠标光标经过的路径，研究人员可以检测出在其他认知系统启动并把鼠标移向另一个按钮之前，你的运动系统是否已经开始向某个按钮移动。例如，即使对某一特定宗教的回答是"喜欢"，你的运动系统的轨迹也有可能会稍微转向"不喜欢"按钮，然后再回到更能迎合社会期许的反应上。

即使是那些对不同种族、性别和宗教抱有肯定态度的人，也会对自己大脑中潜藏的东西感到震惊。和其他形式的内隐联想一样，这些偏见是无法有意识地进行内省的。

目前，法院是否允许将这些测试作为证据仍旧悬而未决。例如，调查雇主、攻击者或杀人犯是否显示出种族主义的迹象时，还不太会考虑这些测试。目前，这些测试不参与法庭判决可能是最好的，因为人类的决策太过复杂，以至许多无法解释的联系可能会影响人们的偏见，很难知道这些偏见对人们的最终行为有多大影响。例如，有人可能会通过更加社会化的决策机制来掩盖其种族偏见，也有可能某个人是一位极端的种族主义者，但这并不是他们某次犯罪的原因。

内隐自我主义：我们为什么喜欢与自己相似的事物

当两个人坠入爱河时，会发生什么事呢？常识告诉我们，他们的激情有很多来源，包括生活环境、理解、性吸引力和相互欣赏。毫无疑问，无意识的隐藏机制与选择的伴侣无关。但真的是如此吗？

想象一下你碰到了你的朋友 Joel（乔尔），他告诉你他找到了生命中的挚爱，一位叫 Jenny（詹妮）的女士。你感到很有趣，因为你的朋友 Alex（亚历克斯）刚刚和 Amy（艾米）结婚，Donny（唐尼）深爱着 Daisy（黛茜）。这些字母配对的背后有什么原因吗？他们是被什么吸引到了一起吗？这太不可思议了，你推论：重要的人生决定，比如与谁共度一生，不可能受到像名字的首字母那样难以预测的因素的影响。也许，这一切都只是一个意外。

但事实上，这不是意外。2004 年，心理学家约翰·琼斯（John Jones）和他的同事检查了来自佐治亚州沃克县和佛罗里达州利伯蒂县的 1.5 万份公共婚姻记录。他们发现，事实上，相对于通常所认为的，人们更可能与和自己姓名的首字母相同的人结婚。

但这是为什么呢？确切地说，这与字母无关，而是因为人们从伴侣的身上想起了自己——人们都喜欢从别人身上看到自己的身影。心理学家认为这是一种无意识的对自我的爱，或者是对熟悉之物的偏爱，他们将其称为内隐自我主义（implicit egotism）。

内隐自我主义不仅影响着人们对伴侣的选择，也影响着人们会偏爱和购买什么产品。在一项研究中，被试被安排品尝两种虚构品牌的茶。其中一种茶的品牌名取决于被试姓名的前三个字母。比如，Tommy（汤米）可能会品尝名叫 Tomeva 和 Lauler 的茶。被试品尝茶水，咂着嘴，仔细地考虑，但是几乎所有人都更喜欢名字恰好与自己名字的首字母相同的茶。毫不奇怪，汤米会选名叫 Tomeva 的茶，名叫 Laura（劳拉）的被试则会选择叫 Lauler 的茶。他们并没有意识到自己的选择与字母的联系，只是认为这种茶味道更好。但事实上，两杯茶都是从同一个茶壶里倒出来的。

内隐自我主义的力量不仅受姓名影响，还受其他特征影响，比如生日。在某所大学进行的一项研究中，学生被要求阅读一篇关于俄罗斯僧侣拉斯普京（Rasputin）的文章。文中会提到拉斯普京的生日，对其中一半的学生来说，拉斯普京的生日"恰好"与自己的生日一致；对另一半学生来说，拉斯普京的生日与自己的不同；文章的其他内容完全相同。阅读结束后，学生被要求回答几个问题，包括他们认为拉斯普京的为人。那些认为自己和拉斯普京生日相同的学生给了拉斯普京更慷慨的评价，他们更喜欢他，而且没有意识到为什么。

无意识自爱的影响力不仅体现在人们偏爱的人和物上。令人难以置信的是，它能潜移默化地影响人们对住址和职业的选择。心理学家布雷特·佩勒姆（Brett Pelham）及其同事通过研究公共记录发现，生日在 2 月 2 日的人倾向于搬到名字中带有"2"的城市，如威斯康星州的 Twin Lakes（特温莱克斯）。同样，根据统计，蒙大拿州的 Three Forks（斯里福克斯）有更多出生在 3 月 3 日的人，而出生在 6 月 6 日的人则更喜欢南卡罗来纳州的 Six Mile（六英里镇）。佩勒姆及其同事还找到很多生日和城市匹配的例子，想想有多惊人：人们随机的出生日期中的数字虽然没有什么意义，但足以影响他们的住宅选择，而且是在其无意识中影响的。

内隐自我主义还会影响人们的职业选择。通过分析专业会员目录，佩勒姆及其同事发现，名叫 Denise（丹妮丝）或 Dennis（丹尼斯）的人更可能成为 dentist（牙医），叫 Laura（劳拉）或 Lawrence（劳伦斯）的人更有可能成为 lawyer（律师），而名叫 George（乔治）或 Georgina（乔治娜）的人则更可能成为 geologist（地质学家）。他们还发现，roofing company（屋面公司）的所有者更可能有一个首字母是 R 而不是 H 的名字，而 hardware store（五金商店）的业主更可能有一个首字母是 H 而不是 R 开头的名字。另一项研究分析了免费的在线专业数据库，发现很多 doctor（医生）有包括"doc""dok"或者"med"的名字，而 lawyer（律师）的姓名中更可能有"law""Laura"或"att"。

听起来很疯狂，但所有这些发现都超过了统计学意义上的临界值。效应虽然不够显著，但却是可验证的。人们很少意识到影响自己的驱动器，而且如果没有统计数据把它们暴露出来，人们永远也不会相信。

大脑可以被无意识地操作吗

大脑可以被巧妙地控制，从而改变未来的行为。假设要你读一些文章，然后填写部分词组的空白部分，比如 chi___ se___。那么，你更可能选择最近见过的词组，比如 chicken sexer（小鸡性别鉴定师），而不是 china set（一套瓷器）。无论你是否记得自己最近有没有看过那些话，都会做出这样的选择。同样，如果要你填写一些单词的空白部分，如 s_bl_m_na_。假如你以前在文章中见过，你就更有可能做出来，无论你是否记得曾经见过它。大脑的某一部分已经被列表中的单词所触动和改变了。这种效应被称为启动效应（priming effect）：大脑已经像泵一样启动了。

启动效应揭示了内隐记忆系统与外显记忆系统根本不同的观点：即使后一个记忆系统丢失了数据，前一个记忆系统也能保留下来。脑损伤后的顺行性遗忘症患者再次证明了记忆系统间的可分性。严重的健忘症患者即使已经无法回忆起自己曾经看过相关的材料，也可以通过启动效应填写缺失的单词。

除了临时"撩拨"大脑外，曾经曝光的效果也可以持续很久。如果以前看过某人的照片，你就会在以后的观察中觉得他更有吸引力。这是真的，即使你不记得以前曾经见过他也一样。这就是所谓的简单曝光效应（mere exposure effect），它揭示了一个令人不安的事实：你的内隐记忆影响了你对世界的解释——你喜欢什么，不喜欢什么，等等。简单曝光效应是品牌、名胜古迹和政治活动背后的魔力的一部分，这并不奇怪，因为反复接触某一产品或某张面孔，你就会更喜欢它。简单曝光效应解释了为什么聚光灯下的名人们在遭遇负面新闻时并不总是像人们预料的那样烦恼。正如名人们的打趣，"最坏的宣传就是没有宣传"或"我不在乎报纸说什么，只要把我的名字拼对就行"。

另一个内隐记忆的真实表现被称为真实错觉效应（illusion-of-truth effect）：如果你在之前听到过某种陈述，你更可能相信它是真的——无论它是不是真的。在一项研究中，被试每两周评定一次某些句子的正确性。在不让被试发现的情况下，研究者会悄悄在测试中加入一些重复的句子，有正确的也有错误的。最后，研究者得到了一个清晰的结果：如果被试在前几周听到过这句话，他们就更可能将它判定为正确的，即使他们发誓自己从来没有听过也一样。甚至当研究者告诉被试他听到的句子是错误的时，情况也不会发生改变：仅仅呈现一个想法就足以提升其之后接触时的可信度。真实错觉效应间接凸显了反复接触相同的宗教法令或政治口号的潜在危险。

一个简单的概念配对就足以引起无意识的联想，并最终产生一种关于配对的熟悉和真实的感觉。这就是我们所见过的每一则广告都与迷人、热情和性感的人配对的基础，也是乔治·W. 布什（George W. Bush，常称"小布什"）的广告团队在 2000 年的美国大选期间对阿尔·戈尔（Al Gore）所采取的行动的基础。在小布什花费 250 万美元的电视广告中，单词 RATS（老鼠）与 The Gore prescription plan（戈尔执政计划）一同闪烁。虽然广告的下一刻就清楚地显示，RATS（老鼠）实际上是 BUREAUCRATS（官僚主义）的结尾，但它的用意一目了然，而且正如他们所期望的那样，让人印象深刻。

预感到底准不准

把你的手指排列在 10 个按钮上，每个按钮对应一种颜色的灯光。接下来你要做的是，每次有一盏灯闪烁时，你就用最快的速度按下相应的按钮。如果灯闪烁的顺序是随机的，那你的反应速度一般不会很快。然而，研究人员发现，如果灯光闪烁的顺序有隐藏的模式，你的反应速度就会加快，而这表明你已经熟悉了这种模式，可以预测下一次哪种灯将闪烁。如果出现意外的灯光，你的反应速度又会变慢。令人惊讶的是，即使你完全不知道这个顺序，这种加速也会起作用，也就是说，意识思维根本不需要参与这种类型的学习。预测接下来要发生什么事的能力是有限的，或者根本不存在。然而，你可能会有预感。

有时候，这些事情可以到达意识层面，但并非总是如此。而且，当它们要向意识发展时，速度也会很慢。1997 年，神经科学家安托万·贝沙拉（Antoine Bechara）及其同事进行了一项研究，他们给被试展示了 4 副牌，让被试一次选一张。每张牌或表示赢钱或表示输钱。随着时间的推移，被试开始意识到，有两副牌是"好"的，意味着被试将赢钱，其他两副是"坏"的，意味着他们将输钱。

当被试仔细思考应该拿哪一副牌时，研究人员会在不同的时刻停下来询问他们的意见：哪副牌好？哪副牌坏？通过这种方式，研究人员发现，被试如果能够说出他们认为哪副是好的或坏的，通常需要抽取 25 张牌。很无趣吧？别着急，还没完呢。

研究人员还测量了被试的皮肤电导反应，反映其自主神经系统的活动，如战斗或逃跑。他们注意到一个惊人的事实：自主神经系统比主体意识更早地掌握了牌组的统计数据。也就是说，当被试拿到差牌时，会有一个自主神经活动的尖峰——一个警告信号。当被试抽到第 13 张牌时，尖峰开始被检测到。因此，在被试意识到头脑能够获取信息之前，其大脑中的某一部分已经能够很好地计算牌组的预期回报了。这些信息是以"直觉"的形式传递的：在有意识地说出为什么之前，被试已经开始选择好的套牌。这意味着人们在做出有利的决策时并不需要有意识地了解情况。

而且事实证明，人们需要直觉。没有直觉，人们就永远都做不好决策。安东尼奥·达马西奥（Antonio Damasio）[1] 及其同事将卡片选择任务用于测试大脑腹内侧前额叶皮质损伤的患者，该区域主要负责决策。研究小组发现，这些患者无法形成皮肤电反应的预先警告信号。患者的大脑根本无法了解统计数据并给出相应的警告。令人惊讶的是，即使这些患者意识到了哪副牌不好，他

---

[1] 安东尼奥·达马西奥是当代神经科学家、心理学家，他的著作《当自我来敲门》《笛卡尔的错误》《当感受涌现时》《寻找斯宾诺莎》中文简体字版已由湛庐引进并策划，现已分别由北京联合出版公司、中国纺织出版社出版。——编者注

们也仍然会继续做出错误的选择。换句话说，直觉对做出有利的决策而言是必不可少的。

由此，达马西奥提出，身体的生理状态产生的感觉能够指导行为和决策。身体状态与某事件的结果联系在一起。当一些不好的事情发生时，大脑利用心率加快、肠道收缩、肌无力等全身反应来记录这种感觉，继而与事件联系起来。当事件再次出现时，大脑基本上只是运行一个模拟状态，重温事件的物理感觉。这样的感觉有助于引导决策，或者至少使以后的决策降低产生偏差的可能性。例如，如果某个事件让人感觉是坏的，大脑就会劝阻人做出这种行为；如果感觉是好的，大脑就会鼓励人做出这种行为。

这种观点认为，身体的物理状态可以提供引导行为的预感。这些预感的正确率往往比随机的预测高，主要是因为无意识大脑先开始学习，而意识落在了后面。

事实上，即使意识系统完全失效，潜意识系统也不会受到任何影响。患有面孔失认症的人无法区分熟悉的人和陌生人的面孔。他们完全依赖头发、步态、声音等信号识别其认识的人。基于此，研究者丹尼尔·特拉内尔（Daniel Tranel）和达马西奥进行了一些聪明的尝试，他们想了解：即使面孔失认症患者不能有意识地辨别面孔，但对于熟悉的面孔，患者是否还会产生可测量的皮肤电导反应？事实证明，他们会产生这种反应。尽管面孔失认症患者坚持认为自己无法识别人脸，但他们大脑的某些区域确实能够区分陌生的面孔和熟悉的面孔。

如果不能从无意识的大脑中得到一个直接的答案，那怎么才能获得知识呢？有时，窍门就是探究直觉在告诉你什么。因此，如果再遇到朋友不知道如何做选择的情况时，那就告诉她最简单的解决方法：掷硬币。她指定哪个选项属于正面，哪个属于背面，然后抛硬币。最重要的是，评估她在硬币落地后的直觉。如果在被"告知"该怎么做时，她感到轻微的如释重负，那这就是她的正确选择。相反，如果她说在掷硬币的基础上做出的决定是荒唐的，那就提醒她选择另一个。

到目前为止，我们一直在观察意识表面下的庞大而复杂的知识。我们已经看到，不管是阅读信件还是变换车道，人们都无法从大脑中读到做事的细节。那么，意识思维究竟在知识中扮演着什么角色呢？事实上，意识的作用还是很大的，因为**储存在无意识大脑深处的大部分知识都是从有意识的计划开始的**。接下来，我们就来谈谈这个问题。

大脑能学习所有的知识吗

想象一下，你已经是一位跻身世界网球锦标赛的顶级选手，现在你正站在一个绿色球场上，面对着地球上最优秀的网球机器人。这个机器人有令人难以置信的小型化部件和自我修复部件，运行着最优化的能量准则，它可以在消耗300 克碳氢化合物后，像山羊一样在球场上跳跃。听起来它是个可怕的对手，对吧？欢迎来到温布尔登。

温布尔登的参赛运动员都是具有极高网球水准的快速而高效的"机器"，他们可以追踪一个以 145 千米 / 小时的速度移动的球，并向它快速移动。这些职业网球运动员几乎没有意识到这一点，就像阅读文字或变换车道一样，他们完全依赖于他们的无意识机器。无论从哪方面来看，他们都像机器人。事实上，当在 1976 年的温网决赛中败北时，伊利耶·纳斯塔斯（Ilie Nastase）曾郁闷地评价其对手比约恩·博格（Björn Borg）："他是个来自外太空的机器人。"

但这些"机器人"都经过了意识思维的训练。一个有抱负的网球运动员不需要知道任何关于建造机器人的事情，这是进化负责的。相反，在这种情况下，知道怎样正确地编程，使"机器"灵活地计算资源并能快速、准确地在一面短网前截击一个模糊的黄球，才是至关重要的。

在这一过程中，意识发挥了作用。大脑的意识部分训练神经机器的其他部分，建立目标并分配资源。"挥拍时把球拍握得更低些。"教练说，然后年轻的球手会反复地嘟囔这句话。他一次又一次地练习挥杆，每次都以直接将球击到对场为目标。当他一次又一次地练习时，机器人系统在无数突触连接的网络上做出微小的调整。他的教练给出反馈，而他则需要有意识地倾听和理解。在机器人的训练中，他不断地使指导具体化，如"伸直手腕，迈步击球"，直到动作变得根深蒂固，无法再被意识到为止。

意识是长期的计划者，扮演着"公司的首席执行官"的角色，不过，大多数日常活动都是由其大脑中那些无法参与的部分运作的。想象一下，有一位继承了一家大型公司的首席执行官，他有一定的影响力，但在他成为首席执行官之前，公司已经经历了一段很长时间的演变过程。他的工作是在公司技术能够支持其政策的限度内，为公司制定愿景并做出长期规划。这就是意识所做的：设定目标。而系统的其余部分则学习如何去实现它们。

你可能不是专业的网球选手，但如果会骑自行车，那你就已经经历了刚才提到的过程。第一次骑上自行车时，你摇摇晃晃得仿佛要摔倒，于是拼命地想控制住方向，你的意识很集中。最终，在大人的引导下，你可以自己骑自行车了。一段时间后，这个技能就变成了一种反射。骑自行车成为自动化的行为，它就像说自己的母语、系鞋带或者认出父亲的走路姿势一样，细节不再需要意识的参与。

大脑最令人印象深刻的特点之一，是它能够灵活地学习任何形式的知识。例如，只要学习鉴定小鸡性别的徒弟希望自己能够在师父面前好好表现，他们的大脑就会将其庞大的资源用在区分小鸡的公母上。只要给一位失业的航空爱好者一次成为民族英雄的机会，他的大脑就会学会区分敌机和友方飞机。这种学习的灵活性在很大程度上占了我们所认为的人类智能的一部分。虽然自然界中有许多动物也很聪明，但人类的优势正在于智力的灵活性，人类可以根据手头的任务塑造神经回路。因此，我们可以居住在地球的每一个地区，学习当地的语言，掌握多种多样的技能，比如演奏小提琴、跳高和驾驶航天飞机等。

当大脑发现某项任务需要解决时，它会重新设计自己的神经回路，直到它能以最高的效率完成该任务。之后，与该任务相关的信息会存储在大脑中。这个聪明的策略完成了两件对生存至关重要的事情。

第一，速度。自动化允许人们进行快速决策。只有当缓慢的意识系统被推到队列的后面时，快速程序才能完成它们的工作。例如，在网球接近时应该正手接球还是反手接球？当一个时速 145 千米的球飞来时，没有人会纠结于这个问题。一种常见的误解是，职业运动员能以"慢动作"来观察球场，这样他们就可以快速而平稳地做出决定。但自动化只允许运动员预测相关事件和熟练地决定要做的事。想想你第一次尝试一种新运动的情况吧。有经验的选手能够以最基础的动作击败你，因为你正在与一系列新的信息做斗争——腿、手臂和跳跃的身体。积累了一定的经验后，你知道了哪些晃动和假动作很重要。随着时间的推移和自动化的发展，你在决策和动作方面的速度都提高了。

第二，能效。通过优化机器，大脑减少了解决问题所需的能量。因为人类是需要能量来驱动的生物，所以节能非常重要。神经学家里德·蒙塔古（Read Montague）在其著作《几乎完美的大脑》（*Your Brain Is (Almost) Perfect*）中，强调了大脑令人印象深刻的能源效率，国际象棋冠军加里·卡斯帕罗夫（Garry Kasparov）的能源消耗约 20 瓦，而他的对手超级计算机"深蓝"（Deep Blue）的能源消耗则高达几千瓦。蒙塔古指出，卡斯帕罗夫在正常的体温下比赛，"深蓝"则热得烫手，需要大量的风来散热。事实上，人类大脑运行的效率是最高的。

卡斯帕罗夫的大脑能耗如此之低，是因为他花了毕生精力把象棋策略转化为经济的机械算法。从幼年开始下棋时，他不得不通过自己的认知策略决定下一步要做什么，但这种方式非常低效，就像过度思考的网球选手的动作一样。随着卡斯帕罗夫的进步，他不再需要有意识地思考步骤：他能快速、有效地感知棋盘，并且不受意识的干扰。

在一项关于效率的研究中，研究人员使用大脑成像技术研究人们学习如何玩俄罗斯方块。被试的大脑是高度活跃的，当神经网络搜索着游戏的基本结构和策略时，大脑在燃烧大量能量。大约一周后，当被试成了游戏专家后，他们的大脑在玩俄罗斯方块时消耗的能量变得极少。这并不是说，"虽然"大脑能耗下降，"但是"玩家更熟练了，而是"因为"大脑能耗下降了，"所以"玩家更熟练了。在这些玩家中，玩俄罗斯方块的技能已经被带进了系统的回路中，所以现在有专门和高效的程序来处理它。

打个比方，想象一下一个战争社会突然不再需要战斗了，士兵们决定转而从事农业。起初，他们用剑为种子挖坑，这是一种可行但效率低下的方法。一段时间之后，他们将剑改成了犁头，优化工具以满足任务要求，就像大脑一样，他们针对手头上的任务做出了调整。

将任务留在回路中的诀窍对大脑的运作起着至关重要的作用：它们改变了机器的"电路板"，以适应任务。这使得一项原本只能笨拙地完成的艰巨任务如今能够快速而高效地被完成。在大脑的逻辑中，如果没有合适的工具，就自己做一个。

到目前为止，我们已经知道了，意识倾向于干扰大多数任务，但是在设定目标和训练机器人时会有帮助。**进化的选择可能会调整进入意识思维的事物的确切数量：太少，"公司"就不复存在了；太多，系统就会陷入缓慢、笨拙、低效能的运作方式中。**

当运动员犯错时，教练通常会大喊："好好想想！"具有讽刺意味的是，职业运动员的目标恰恰就是不去思考。他们的目标是投入数千个小时的训练，以便在激烈的比赛中，正确的策略能够不受意识的干扰而自动到来。这些技能需要进入球员的神经回路中。当运动员"进入这个区域"时，他们训练有素、无意识的机器就能够快速、有效地进行表演。想象一下一名篮球运动员站在罚球线上的情况。人们的尖叫和跺脚声会分散他的注意力。如果依赖意识的机器，他肯定会出现失误。只有通过过度训练，"机器人"才能帮他将球投进篮筐。

现在，你可以利用本章获得的知识来赢得网球比赛的胜利了。当你输球的时候，只需要问问你的对手是怎么发球的就可以了。一旦你的对手开始思考发球的技术并试图解释，他就输了。

我们已经知道，事情越是自动化，意识参与得就越少。不过，这只是一个开始。在下一章，我们将知道信息是如何被埋藏得更深的。

Incognito

第 **4** 章

意识只是自我中的小角色

Incognito

大脑更擅长处理数学问题还是社会问题?

为什么我们匆匆一瞥的人会比认真端详的人更有
魅力?

基因会影响对伴侣的忠诚度吗?

> 人是一株长出思想的植物，
> 就如同玫瑰树开出玫瑰，苹果树结出苹果。
>
> ——安托万·法布尔·德奥利维特（Antoine Fabre D'Olivet），
> 《人类的历史哲学》（L'Histoire philosophique du genre humain）

花点时间想想你知道的最美的人：当你用双眼凝视着这个人，你难免会为之沉醉。这一切都取决于与双眼相联系的进化程序。而如果是一只青蛙，那么就算这个人在它眼前站一整天，哪怕是赤身裸体，也不会吸引到它的注意，或许它还会有点疑惑。这种缺乏吸引力的情况是相互的：人类被人类吸引，青蛙被青蛙吸引。

在我们看来，情欲是再自然不过的东西了，但要注意的是，人类被设定好了，只会对合适的物种产生欲望。这揭示了看似简单但至关重要的一点：大脑的回路被设计成只会做出有利于人类生存的行为。苹果、鸡蛋和土豆之所以尝起来很美味，并不是因为它们的分子形态有美妙之处，而是因为它们含有一份完美的糖和蛋白质——你的"身体银行"可以将之储存的"能量货币"。因为这些食物对身体有用，所以我们认为它们就应该美味；因为排泄物含有有害的微生物，所以我们对它们产生了与生俱来的厌恶感。值得注意的是，考拉幼崽会吃母亲的排泄物以获取消化系统所需的细菌，它们靠这些必要的细菌来消化有毒的桉树树叶。对考拉幼崽来说，母亲的排泄物就像苹果对人类而言一样美味。没有东西天生具备美味或恶心的内在属性——它们的味道取决于你的需求，而美味只不过是有需求的标志之一。

许多人都已经很熟悉有关吸引力和味道的概念了，但往往很难意识到自身进化的痕迹被铭刻得有多深。这不仅能说明人类为什么会被人类而非青蛙吸引，更爱吃苹果而不是排泄物——这些原则来自人类通过遗传获得的"思维指南"，还能说明人类一切深层的信念，比如逻辑、经济、道德、情绪、审美、社交、爱及其他所有重要的内心建构。人类进化的目标引导和塑造着我们的思想。好好想一想这件事吧，这意味着我们能够拥有的只有特定种类的思想，而没有能力去拥有所有其他类型的想法。接下来，我们要探索的是那些人们根本不知道自己有所缺失的想法。

大脑是主动构建还是被动记录现实

> 难以想象的寄居之所，
> 处处受限的客居之人。
> ——艾米莉·狄金森（Emily Dickinson）

1670 年，法国哲学家布莱兹·帕斯卡尔（Blaise Pascal）怀着敬畏之心写下这样一句话："人对于他从中诞生的虚无和将他吞没于其中的无穷，一样都无法窥测。"帕斯卡尔认识到，生命是在难以想象的微小的原子尺度与星系间无穷大的尺度之间过渡的。

但帕斯卡尔认识到的还不到全部真相的一半。忘掉原子和星系吧，事实上人们连自身的空间尺度上的大部分事情都看不见，例如可见光。人的眼睛的后方有专门用来捕获物体反射的电磁辐射的接收器，当这些接收器捕捉到一些辐射后，就会向大脑发出一组信号。但人们并不能察觉到整个电磁光谱，而是只能察觉一小部分。人的视觉能看到的光谱还不到总体的千亿分之一。光谱剩下的部分承载着如电视新闻信号、广播信号、微波、X 射线、γ 射线、手机信号等，它们从人们身边经过，但人们一无所知。例如，电视新闻信号正从你的身体穿过，但你完全看不到，因为你的身体没有专门用来接受这部分光谱的接收器。与人类不同，蜜蜂的世界包括紫外线携带的信息，响尾蛇所看到的世界包含红外线。尽管它们与可见光是相同的"东西"，即电磁辐射，但人类感受不到这一切。不管多么努力，你都无法接收到来自其他波长范围的信号。

大脑的"环境界"与"现世界"

你所能体验的事物完全受你的生理条件限制。我们习以为常的观点是：我们的眼睛、耳朵、手指只是被动地接受外部物质世界的客观信息。但实际上大不相同。科学的进步让我们的肉眼看见了以前看不见的东西，真相越来越清楚了：我们的大脑获取的只是周围物质世界的一小部分样本。

1909 年，德裔生物学家雅各布·冯·乌克斯库尔（Jakob von Uexküll）开始注意到，同一生态系统中的不同动物从环境中获取的信息不同。在又聋又瞎的壁虱的世界里，最重要的信号是温度和丁酸的气味；对黑魔鬼鱼（线翎电鳗）来说，最重要的信号是电场；对用回音定位的蝙蝠来说，空气被压缩形成的波最重要。后来，乌克斯库尔引入了新理念：我们能够看到的那部分世界被称为"环境界"（umwelt），或生存空间；而更大的现实世界（如果存在的话）被称作"现世界"（umgebung），或外部环境。

每个有机体都有自己的"环境界"，并大概率会把它当作外在的全部客观事实。我们为什么要思考是否还存在超出我们感知的事物呢？在电影《楚门的世界》（The Truman Show）中，主人公楚门生活在一个完全由电视节目制作人在周围建造出来的世界之中。有一次，一位采访者问制作人："你为什么认为楚门甚至连差点儿发现他所处世界的真相的时刻都没有？"制作人回答道："我们总是会接受展现在我们面前的世界。"他说中了要点：我们接受了自己认知到的环境，并止步于此。

问问你自己：如果你生来看不见东西会是什么样？认真地想一会儿。如果你猜"可能会是一片黑暗"或是"在应该有视觉的地方像是有一个黑洞"，那你就错了。要弄明白为什么，可以想象你是一只追踪犬，你的长鼻子里有两亿个嗅觉感受器。在外面，你湿润的鼻孔吸引和捕捉着气味分子，每个鼻孔边缘的窄缝努力张开，以便吸气时能有更多空气流过，连你下垂的大耳朵也拖过地面，以便激起更多的气味分子。嗅觉就是你的全部世界。某天下午，当你跟在主人身后，一个忽然出现的想法让你停住脚步：假如有一只像人类那样可怜的、能力有缺陷的鼻子是什么感觉呢？当他们的鼻子吸入一点味道稀薄的空气时，他们能从中分辨出什么？他们是不是感觉到一片黑暗？或者在本该有气味的地方有一个空洞？

因为我们是人类，所以我们知道答案是否定的，并没有所谓的空洞、黑暗或少了气味的感觉。我们接受了展现给我们的这种现实。由于我们从未有过追踪犬的嗅觉能力，因而我们从来没想过现实中还有不同的可能性。患有色盲的人也是同样的情况：在他们得知其他人能看到他们看不出的色彩之前，这种想法从未在他们意识的"雷达"上出现过。

如果你不是色盲，你可能很难想象自己是色盲的感觉。但请回忆一下之前讲过的东西：有些人能看到比你更多的颜色。一小部分女性有 4 种（而非通常的 3 种）颜色感受器，她们能辨认出大多数人类无法分辨的颜色。如果你不是这一小部分女性中的一员，那么你刚刚发现了自己从未发觉的一种缺陷。你可能从没想过自己会是色盲，但对于那些对色调有着超常知觉能力的女性来说，你就是色盲。但这并不会毁了你的生活，相反，这只会让你对其他人眼中的世界有多么奇妙更好奇。

而先天视觉缺失的盲人也是一样。他们并不会感到缺少任何东西，也不会感到在视觉缺失的地方有一个空洞。视觉从一开始就不是他们所在现实中的一部分，而他们对视觉的渴望，就和你对追踪犬超凡的嗅觉或对拥有 4 种颜色感受器的女性眼中多出的颜色的渴望差不多。

不同的大脑对世界的感受千差万别

人的"环境界"与壁虱或追踪犬的"环境界"有很大的不同，而不同的人之间甚至也会有一定程度的个体差异。大多数人在结束了深夜的日常思索后可能都问过朋友类似的问题：我怎么能知道我感受到的红色和你感受到的红色是一样的呢？这是一个不错的问题，因为只要我们都同意把外部世界中的某种特质称作"红色"，那么即使你对它的感觉与我内心感觉中的浅黄色相同，也不会有什么影响。我叫它红色，你也叫它红色，我们就能准确无误地交流了。

但这个问题其实有更深的层次。我所说的视野与你所说的视野也许是不同的，比如我看到的东西可能与你看到的是上下颠倒的，但我们永远都没法知道。当然，这也没关系，只要我们在称呼、指示物体以及对外在世界方向的指示上达成一致就行。

这些问题曾经处于哲学推演的领域之中，但现在已经进入了科学实验的领域。不同人的大脑功能之间存在着微小差异，有时这能够直接导致体验世界的方法的差异，而每个人都认为自己的体验才是真实的。要更好地理解这一点，可以想象一个存在着洋红色星期二、有形状的味道和波浪形的绿色交响乐的世界。一百个人中就有一个人体验着这样的世界。这种能力被称为联觉（意为"相联结的感觉"）。对联觉者来说，一种感官的刺激会触发反常的感觉体验：一个人可能会听到颜色，尝到形状，或同时体验到其他感觉的混合。例如，一段声音或乐曲可能不仅能被听到，也能被看到、尝到或者是触摸到。联觉是不同感觉的融合：砂纸的触感可能激发一个升 F（#F）音符，鸡肉的味道可能伴随着指尖上感受到的一点儿触觉，一段交响乐可能带来蓝色和金色的感受。联觉者习惯这些状况，以至于因为别人不能体会到和他们相同的感觉而惊讶。**这些联觉体验并不具备病理层面上的异常，而仅仅是概率意义上的不寻常。**

联觉有很多不同的种类，而且有了一种，就有很大机会体验到第二种、第三种。感觉一周的日子有不同的颜色是联觉最常见的表现形式，其次是有颜色的字母和数字。其他常见的种类还有：有味道的词汇、有颜色的声音、将数轴感觉为三维形式、感觉字母和数字有性别和性格等。

联觉是非自主的、自动的、恒久不变的。联觉一般都是基本感觉，也就是说感觉到的是简单的颜色、形状、质地，而不是图像化的或详细、具体的事物。例如，联觉者不会说"这音乐让我感觉到了放在饭店桌子上的一瓶花"。

为什么会有人用这样的方式感受世界呢？联觉是大脑感觉区域之间相互干扰增加的结果，而这些干扰是由家族遗传的微小的基因变异导致的。要知道，大脑线路的细微差别能呈现不同的世界。仅仅是联觉的存在就表明，可能存在不止一种大脑（和思维）。

让我们来关注一种特定的联觉吧。对大多数人来说，二月份和星期三并没有任何特定的空间位置，但一些联觉者却能感受到数字、时间单位或其他包含顺序的概念处于与他们身体相关的精确的位置上。他们能指出数字"32"、12 月，或 1966 年所处的位置。这些具体化的、三维的序列一般被称为数字形体，而对这种现象更准确的称呼是空间序列联觉。最常见的几种空间序列联觉包括：一周中的日子、一年中的月份、整数或每十年一组的年份。除了这些常见的类型，研究者还谈到过很多种东西的空间结构：鞋子和衣服的尺码、棒球数据统计、历史纪元、薪水、电视频道、温度等。有些人只拥有一种序列的形态感觉，另一些人则能感觉到超过 10 种的形态种类。就像所有联觉者一样，他们对不是所有人都像他们一样看待序列感到惊讶。如果你自己不具有联觉功能，那么联觉者与你的差异就在这里：联觉者很难理解看不到时间的形象的人该怎么生活。对他们而言，你的现实世界十分奇怪，就像你看他们一样。他们接受了展现给他们的现实，而你接受了展现给你的现实。

非联觉者经常认为，感觉额外的颜色、质地或空间结构在知觉上会是一种负担。"要应付那些多出来的东西会把他们逼疯吧？"有些人会问。但这种情况就如同一个有色盲的人对色觉正常的人说："你真可怜！不管你看哪里，总能看到那么多颜色。看到每件东西都有颜色会把你逼疯吧？"答案是颜色并不会把我们逼疯，因为看到颜色对大多数人来说是正常的，颜色是组成我们所接受的现实世界的一部分。同样，联觉者也不会被多出来的感觉逼疯，他们从不知道现实世界会是其他样子的。大多数联觉者终生都不知道别人看到的世界和他们的世界不一样。

形形色色的联觉向我们强调了不同个体主观上看到的世界有多么惊人的差异，这提醒了我们，每个大脑都独一无二地决定了它所感知的事物，或是能够感知到的事物。这一点带我们回到了主题——现实比我们一般认为的更为主观。**现实并不是由大脑被动记录下来的，而是由大脑主动构建出来的。**

大脑程序是预先编码的

与你对世界的感知类似，你的心理活动也是为了处理特定区域内的事务而构建的，并且被限制在其他部分之外。有些想法你根本无法想到，例如你无法理解宇宙中数量多达 10 的几十次方的恒星，无法想象一个五维的立方体，无法对一只青蛙动心。如果你认为这些例子看上去显而易见，那么你可以将它们和看到红外线、接收无线电波、像壁虱一样分辨丁酸的情况类比一下。你思想的"环境界"只是思想的"现世界"的一小部分。让我们来探索一下这个领域吧。

大脑像一台由血肉组成的电脑，其功能是产生适合周围环境的行为。进化塑造了你的眼睛、内脏器官、性器官以及思想和信念等。人类不仅进化出了抵御病菌的特异性免疫系统，还进化出了特异性的神经结构，用于解决在种族进化历程 99% 的时间里，以采集、狩猎为生的祖先所面对的特定问题。进化心理学探究的是人类为什么会用这种方法而不是其他的方法思考。当神经科学家在研究构成大脑的"硬件"时，进化心理学家正在研究大脑中用于解决社会问题的"软件"。从这个视角来看，大脑的物理结构包含了一系列程序，这些程序在过去被用于解决某个特定问题；而新的程序会根据其作用效果从物种的程序库中被加入、移除。

达尔文在《物种起源》的结尾预言了这一学科："我看到了未来更加重要且广阔的研究领域。心理学会立足于新的基础，即每种心理力量和能力都来源于渐变的需求。"换句话说，就像眼睛、拇指和翅膀一样，我们的心理也在进化。

想一想婴儿。刚出生时他们并不是一块白板，相反，他们继承了许多解决问题的工具。当他们遇到很多问题时，解决方法早已在他们手中了。这个观点最早由达尔文在《物种起源》中猜测性地提出，之后又由威廉·詹姆斯（William James）在《心理学原理》（*The Principles of Psychology*）中进一步推进。在之后的 20 世纪的大半时间里，这个概念被人们所忽视，但最终证明它是正确的。弱小无助的婴儿在刚来到这个世界时就具备了一系列专门化的神经程序，用于思考和理解物体、物质的因果关系、数字、生物世界、他人的信念和动机以及社会互动。

例如，新生儿的大脑预备好了看到面孔的神经程序：出生不到 10 分钟，婴儿就会将头转向类似人脸的图案，而不会对扭曲后的同一图案做出反应。到了两个半月大时，当在屏幕上看到像魔术表演那样的一个固体物体穿过另一个物体或者一个物体消失的场景，他们会表现出惊讶。在面对有生命的物体和无生命的物体时，婴儿会表现出不同的对待方式，他们会假定有生命的物体有他们看不到的内部状况，即意图，也会对成人的意图做出假设。如果一个成人试图展示如何做某件事，婴儿就会模仿这个成人；但如果成人出了差错，例如被"哎呀！"的叫声打断，婴儿就不会模仿他看到的东西，而是会模仿他认为成人打算展示的内容。换句话说，当婴儿在年龄大到可以进行测试的时候，他们已经能对世界上发生的事做出推测了。

尽管儿童通过模仿周围事物的方式来学习，如模仿父母、宠物、电视节目，但他们并不是一块白板。如咿呀学语时，听力缺失的儿童发出的含糊不清的语音与听力正常的儿童一样；暴露在完全不同的语言环境下的不同国家的儿童发出的声音也十分相似。所以，最初的咿呀学语是作为人类预先编码好的特质而遗传下来的。

另一个预先编码的例子是所谓的读心系统。这是一系列通过别人的眼神的方向和移动来推测他们想做什么、知道和相信什么的机制集合。例如，如果有人突然越过你的左肩看过去，你会立刻猜测身后发生了有趣的事。我们的眼神阅读系统在婴儿时期早就准备就绪了。在孤独症患者中，这一系统有缺陷；相反，在其他系统损坏的情况下，这一系统也可能完好无损，比如一种叫作威廉姆斯综合征（Williams syndrome）的疾病。得了这种疾病的患者的阅读能力完好，但其社会认知能力在其他方面存在总体上的缺陷。

在刚开始接触世界时，像一块白板一样的大脑会立刻被激增的可能性难倒，而预先包装好的"软件"可以避免这种情况。如果系统在一开始就是一片空白，那它就无法通过婴儿所能获得的贫乏的信息输入学会世界上所有复杂的规则。它将不得不尝试每一件事，且最终会失败。我们了解这一点，而关于这一点，我们是从试图让没有任何初始知识的人工神经网络学习世界规则的漫长失败史中学到的。

我们的预先编码在社交中起到了重要的作用。社交在几十万年中对人类产生着关键的作用，因此社会程序在我们的神经回路中留下了深刻的印记。就像心理学家莉达·考斯米德斯（Leda Cosmides）和约翰·图比（John Tooby）所说的："心跳具有普遍性是因为产生它的器官在所有地方都是一样的，而社交的普遍性也有一个相似的解释。"换句话说，大脑就像心脏一样，不需要某种特定的文化表现出社会行为，这个程序是随着遗传预先绑定的。举一个具体的例子：你的大脑在进行一些它没有进化出解法的类型的计算时存在困难，但能轻易完成包含社会问题的计算。现在我向你展示以下 4 张卡片（见图 4-1）并做出下面的陈述：如果一张卡片一面是偶数，那它的另一面就是一种原色（红或黄或蓝）的名称。要判断我说的是不是实话，你需要翻开哪两张卡片？

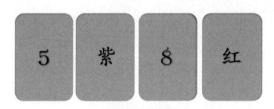

图 4-1 你需要翻开哪两张卡片？

如果你在这个问题上碰到了困难，不要担心，因为它确实很难。答案是你只需要翻开写着数字 8 和"紫"的卡片。如果你翻开了数字 5 的卡片并发现另一面写着"红"，那不会有任何帮助，因为叙述只与写着偶数的卡片有关；同样，如果你翻开了写着"红"的卡片并发现另一面是奇数，它也和我告诉你的规则没有关系，因为我没有规定过写有奇数的卡片的另一面是什么。

如果你的大脑中预先安装了条件逻辑的规则，那你在完成这项任务时就不会遇到困难。但只有少于 1/4 的人能答对这个问题，即使是接受过正式逻辑训练的人也一样。人们认为这个问题是很难用事实说明的，我们的大脑没有预先准备好解决这类普遍性的逻辑问题。这或许是因为一直以来人类并不需要解决这些逻辑谜题就能很好地生存。

但接下来才是故事的转折点。如果实质上相同的逻辑问题以一种我们生来就能理解的方式呈现，也就是说，通过人的大脑会关注的社会中的事物的形象呈现，它就能被轻易解决了。假设新的规则是这样的：如果没到 18 岁，你就不能喝酒。就像图 4-2 所展示的那样，每张卡片一面写着某个人的年龄，另一面写着他正在喝的饮料。你需要翻开哪些卡片才能确定有没有人破坏规则？

图 4-2　你需要翻开哪些卡片

在这种情况下，大多数参与者都能回答正确，即翻开写着"16"和"龙舌兰酒"的卡片。注意，这两个问题在形式上是完全相同的。那为什么你会觉得第一个问题很难而第二个要简单很多呢？考斯米德斯和图比认为，人们在第二种情况下的优秀表现代表着一个特化神经组织的存在。大脑非常在意社交，因而进化出了专门处理社会问题的程序，即用于处理权利和义务问题的原始方式。换句话说，你的心理进化出了用于解决类似于发现违规者这样的社会问题的方法，但在普遍情况下，你并非都足够聪明和有逻辑。

为什么我们意识不到自己在做什么

> 总的来说，我们几乎不知道我们的头脑最擅长什么。
>
> ——马文·明斯基（Marvin Minsky）[1]，
> 《心智社会》（The Society of Mind）

本能是一种复杂的、无须学习的先天行为，通常会独立于经验自行展现出

---

[1] 马文·明斯基是人工智能领域的先驱之一、虚拟现实的最早倡导者，他的著作《情感机器》中文简体字版已由湛庐引进并策划，现由浙江人民出版社出版。——编者注

来。试想一匹马出生时的情况：它从母亲的子宫里掉出来，直立起它瘦弱、不稳定的双腿，歪歪扭扭地试图行走，很快便能跟随马群走和跑了。整个过程也就几分钟到几小时。小马驹并不像人类的婴儿那样要在多年的尝试和试错中学会使用双腿。相反，小马驹的复杂运动行为是出自本能的。

由于青蛙的大脑中早已设定好标配的特定神经回路，因而青蛙对其他青蛙的欲望非常疯狂，它们无法想象人类对性吸引力的克制意味着什么，反之亦然。由进化而形成的本能程序使我们的行为按照特定的方式发展，就好像有一双坚定的手在指引我们的认知一样。

传统意义上，本能被认为是推理和学习的对立面。如果你和大多数人一样，你会认为，在很大程度上你的狗狗的行为是靠直觉运作的，而人类的举动似乎是靠直觉以外更像理性的东西来实现的。第一个对这个观点产生怀疑的人是 19 世纪伟大的心理学家威廉·詹姆斯。他不仅怀疑这个观点，更认为它大错特错。他提出，人类具备比动物更多的本能，因此行为比它们更灵活、更智能。这些本能就像工具箱中的工具，一个人拥有的本能越多，其适应能力便越强。

这些本能毫不费力地为大脑自动处理信息，运行得如此之好，以至人类忽略了它们的存在。就像小鸡性别鉴定师、飞机观测者和网球选手的无意识动作一样，这些程序被深深地刻录在我们的脑回路中，使我们无法访问它们。总之，这些本能形成了我们所认为的"人性"。

与我们的自动化行为（打字、骑自行车、发球等）不同的是，本能在我们的一生中是通过继承而非学习获得的。我们与生俱来的行为非常有用，于是这些行为被编码成了 DNA 这种微小而神秘的"语言"。数百万年的自然选择完成了这一编码过程：拥有有利于生存和繁殖本能的人总是会继续繁衍。

关键点是，专门且优化的本能回路拥有速度和能量效率上的优势，但代价同样巨大：难以触及的意识。于是，就像发球动作一样，我们几乎接触不到固有的认知程序。这种情况导致了考斯米德斯和图比所说的"本能失明"：**我们看不到本能，而本能恰恰是我们行为的引擎**。我们无法访问这些程序，不是因为它们不重要，而是因为它们至关重要。意识的干涉并不能改善这些程序。

威廉·詹姆斯意识到本能的隐蔽性，提出通过一个简单的心理练习把本能暴露出来：通过思索"为什么有某种人类本能行为"，来挖掘这些看似自然的行为的奇怪之处：

> 为什么我们高兴的时候微笑，而不是愁眉不展？为什么我们不能像对朋友说话一样，对一群人说话？为什么某个特别的少女会让我们如此神魂颠倒？普通人只能回答：我们当然会微笑，看到人群当然会心慌，当然爱少女，那样美丽的灵魂存在于那么完美的形体之中，显然应当被人永远宠爱！
>
> 那么，或许每一种动物都感到它在特定事物面前倾向于做特定的事情……对公狮子来说，母狮子被设置成爱的对象；对公熊来说，母熊是其爱的对象；对孵蛋的母鸡来说，在这个世界上竟会有一种动物认为一窝鸡蛋不是最迷人、最珍贵的东西，不应该花时间坐在上面，这个概念十分可怕。
>
> 因此，我们可以肯定，某些动物的本能在我们看来十分神秘，而我们的本能在它们看来同样如此。

心理学家总是在探索人类独特的行为（如更高级的认知）或失常的行为（如精神障碍），这导致人最基础的本能总被排除在研究焦点之外。但最自动、最轻松的行为也是需要最专业、最复杂的神经线路的行为，它始终摆在我们面前，比如性吸引、怕黑、移情、争吵、嫉妒、寻求公平、寻找解决办法、避免乱伦、识别面部表情等。支撑这些行为的庞大神经元网络被协调得十分完美，以至我们意识不到它们平时的运作。和小鸡性别鉴定师一样，内省对于已经刻录在回路中的程序是无用的。我们的意识将一项活动评估为"简单"或"自然"，这使得我们严重低估了实现这一行为所涉及的回路的复杂性。看似容易的事情反而是困难的：大部分我们认为理所当然的事情在神经层面却很复杂。

举个例子，想想人工智能领域发生的事情。20世纪60年代，在处理诸如"马属于哺乳动物"这样的事实驱动知识项目上，人工智能取得了快速进展。但在随后的时间里，这一领域的发展几乎停滞了。事实证明，解决"简单"的问题要困难得多，例如在人行道上行走而不摔倒，记住自助餐厅的位置，用两只脚平衡一个高大的身体，认识一个新朋友或者理解一则笑话。我们快速、有效和无意识地做的事情很难建模，因此它们仍然是未解决的问题。

看起来越显而易见或毫不费力的事实，我们就越应该怀疑其背后有着庞大的回路。正如在前文中提到的，"看"这一动作之所以简单和迅速，是因为它背后有复杂、专用的机制在支撑着。看起来越自然、越轻松的事物，实际上便越非如此。一方面，我们无法与青蛙交配，而且它们与我们的基因在未来也不会有关系，所以我们控制性欲的回路不会被裸体青蛙驱动。另一方面，我们确实很关心女性瞳孔的扩张，因为这透露了关于性吸引的重要信息。我们生活在本能构成的"环境界"内部，而对本能的感知就如鱼对水的感知一样少。

我们对美的感知是无意识的吗

为什么人们容易被年轻人而不是老年人吸引？金发女郎真的更懂享乐吗？为什么一个我们匆匆一瞥的人比认真端详的人看起来更有魅力？在这些问题上，你会毫不惊讶地发现，美感被深深地同时难以触及地刻录到了大脑中，而所有这些都是为了实现某种生物学上有用的事情而存在的。

想想你认识的最美的人，他或她很可能身材匀称，充满魅力，惹人喜爱。我们的大脑经过精心雕琢从而能选出这些面孔。仅仅因为脸的对称性和脸部的小细节，某个人就享有更受欢迎、更快晋升和拥有更成功事业的命运。

在这一点上，你会毫不惊讶地发现，吸引力既不是虚无缥缈的，也不是只有诗人才能进行研究的，而是由特定的信号产生的。就像钥匙插入锁孔一样，信号会因插入专用的神经软件从而产生作用。

人们选择的美丽品质主要反映了激素变化带来的生育迹象。在青春期之前，男孩和女孩的脸及体形是相似的。到了青春期，体内雌激素的增加会使女孩的嘴唇更丰满，体内睾酮水平的增加则会使男孩的鼻子更大，下巴更突出、更丰满。雌激素会促进乳房和臀部的生长，睾酮则会促进肌肉和肩膀的生长。所以，对一位女性来说，丰满的嘴唇和臀部、纤细的腰肢传达了一个清晰的信息：我拥有充足的雌激素和良好的生育能力。对男性来说，下颌饱满、胸部宽阔也传达了同样的信息。这就是我们天生认为美的东西。

我们的程序是如此根深蒂固，以至人与人之间没有太大的差别。研究人员发现，男性对认为最有吸引力的女性有着极端苛刻的比例范围：腰臀比通常为 0.67 ~ 0.8。《花花公子》杂志的插图模特的腰臀比一直保持在 0.7 左右，即使在她们的平均体重有所下降时也仍然如此。拥有这一腰臀比的女性不仅被男性认为更有魅力，而且被认为更健康、更幽默、更聪明。随着年龄的增加，女性逐渐变老，她们的腰臀比会慢慢变糟，身材中段会变宽，嘴唇会变薄，乳房会下垂，这些迹象都表明她们已经过了最佳生育时期。即使是没有接受过生物学教育的青少年男性，老年女性对他们的吸引力也不如年轻女性强烈，因为他们的脑回路有明确的使命——繁殖，而有意识的头脑只收到一个需要明确的要点——她很有魅力，追求她，除此之外再无其他。

而隐藏的神经程序探测到的不仅仅是生育力。并非所有的育龄妇女都同样健康，因此她们的吸引力也不一样。神经科学家维莱亚努尔·拉马钱德兰（Vilayanur Ramachandran）推测，有关男性偏爱金发女郎的现象可能有其生物学上的真实性——肤色较浅的女性更容易表现出疾病的迹象，肤色较深的女性则更容易掩盖自己的缺陷。获知更多的健康信息有助于做出更好的选择，因此男性偏爱金发女郎。

男性往往比女性更易受视觉驱动，但女性也同样受到某种内部因素的影响，她们会被成年男子的迷人特征吸引。有趣的是，女性的喜好会随着每个月的不同日子而变化：在排卵期，她们更喜欢看上去有男子气概的男性；在非排卵期她们则更喜欢具有较柔和的生理特征的男性——这或许标志着更多的社交和关爱行为。

尽管在很大程度上，诱惑和追求的程序是在有意识的动作下完成的，但结局对每个人来说都很明显。这正是成千上万富裕国家的公民愿意为整容、收腹、隆胸、抽脂和注射肉毒素付出代价的原因。他们正在努力挽留打开他人大脑中这种程序的钥匙。

不足为奇的是，我们几乎无法直接接触到吸引力本身的机制。相反，视觉信息插入了驱动我们行为的古老神经模块。回想一下第 1 章中提到过的实验：当男性对女性脸部的美丽进行排名时，他们发现瞳孔放大的女性更有吸引力，因为放大的瞳孔标志着性兴趣。但是，这些男性并没有意识到自己的决策过程。

在我的实验室进行的一项研究中，参与者观看了快速闪过的男性和女性的照片，并对他们的吸引力进行了评分。在随后的一轮中，他们被要求对以前看过的照片再次进行评分，但这次他们可以自由决定查看照片的时长。结果发现，他们都认为自己匆匆一瞥的照片上的女性更漂亮。换句话说，如果你看到有人飞快地拐过弯或驾车驶过，你的感知系统会告诉你，他比你原本可能认为的更漂亮。男性比女性更明显地表现出这种误判效应，大概是因为男性在评估吸引力时更直观。这种"惊鸿一瞥"的效果符合日常经验：男性瞥见一位女性，认为自己刚刚错过了一位难得的美人，但当冲过拐角时，他发现自己错了。这种效果很明显，但背后的原因却隐藏得很深。为什么在只获得稍纵即逝的信息时，感知系统总会错误地判断某位女性更漂亮？在缺乏清晰数据的情况下，感知系统为什么不干脆保持中立，判断她只是个长相普通的女性？

答案是基于繁殖的需求。一方面，如果你认为一位匆匆瞥见的没有魅力的人好看，那么想纠正错误，只需要再看一眼——花费时间并不多。另一方面，如果把有魅力的伴侣误认为没有魅力，你便错过了一个潜在的生机勃勃的优质基因库。因此，感知系统当然会表现出这样的认知偏差，认为你匆匆瞥见的那个人是有吸引力的。和其他例子一样，有意识的大脑只知道你刚刚与一位从另一个方向走过的"尤物"擦肩而过；你无法接触到神经机制，也无法接触到让你产生如此信念的进化力量。

从经验中学到的概念也可以从这些固有的吸引机制中受益。在一项研究中，研究人员测试了无意识地获取酒精的概念的同时是否会无意识地触动与酒精相关的概念，如性和性欲。男性会看到"啤酒"或"豆子"之类的词，但这些词闪现得非常快，以至无法被有意识地察觉。然后，他们要对照片上女性的吸引力进行评分。结果发现，在无意识地被与酒精相关的词（如"啤酒"）激发后，被试会认为照片上的女性更有吸引力，而且这种效应在坚信饮酒能增加性欲的男性身上会表现得更明显。

吸引力不是一个固定的概念，相反，它会根据情况进行调整。比如处于发情期时，几乎所有雌性哺乳动物都会发出清晰的信号。雌性狒狒的屁股会变成明亮的粉红色，这是对幸运的雄性狒狒发出的明确而不可抗拒的邀请。不过，人类女性的独特之处在于，她们全年都可以参与"交配"，且不用发出任何特别的信号来宣告自己何时有生育能力。

真的是如此吗？结果发现，女性在生殖的高峰期，也就是月经前 10 天左右，往往被认为是最漂亮的。不管在男性还是女性的眼里，这都是事实，而且与其行为方式无关，甚至在看照片的条件下也能出现这种效应。所以，她的美貌程度反映了她的生育水平。其信号比雌狒狒发出的信号更微妙，她只需要清晰到足以触动房间里男性精妙且无意识的神经机制即可。信号传达到男性的对应回路中时，任务就完成了。这些信号也会传入其他女性的回路：女性对其他女性生理周期的影响相当敏感，这使她们在争夺配偶时能够评估竞争对手的实力。目前，我们还不清楚生育的秘密信号究竟是什么，可能涉及皮肤状况（排卵时肤色变浅），或排卵前耳朵和乳房变得更对称。**即便我们无法意识到这些，大脑也能锁定任何细节。思维会只受到难以拒绝且无法解释的欲望的牵引。**

排卵和美丽容貌的效应不仅可以在实验室中被评估，在现实生活中也是可以被测量的。在一项研究中，新墨西哥州的科学家统计了当地俱乐部女性舞蹈表演者所收到的小费，并将其与女性舞蹈表演者的月经周期联系起来。结果发现，在生育高峰期，女性舞蹈表演者平均每小时赚 68 美元；在月经期，她们平均只赚 35 美元；在其他时期，平均为 52 美元。尽管这些女性在整月都表现相似，但她们的生育能力的变化通过体味、皮肤、腰臀比的变化，可能还有自信程度的变化，向观众传递着。有趣的是，采取避孕措施的女性舞蹈表演者没有明显的表现高峰，平均每个月的收入仅为每小时 37 美元；未采取避孕措施的女性舞蹈表演者则平均每小时赚 53 美元。她们赚得少可能是因为避孕药导致的激素变化以及暗示，因此她们对绅士俱乐部的浪子而言没那么有吸引力。

这项研究给了我们什么启示？首先，它告诉我们，经济拮据的女性舞蹈表演者不应该采取避孕措施，并且应该在排卵前加倍轮班。其次，更重要的是，它让人们明白，女性或男性的美丽是由神经系统预先决定的。我们无法有意识地接触这些程序，只有通过详细的研究才能把它们梳理出来。请注意，大脑非常善于发现细微线索。回想一下你认识的最漂亮的人，想象一下你测量了他或她的眼睛之间的距离、鼻子的长度、嘴唇的厚度、下巴的形状等。如果将这些测量值与一个缺乏魅力的人的测量值进行比较，你会发现差异其实很微妙。就像人类难以区分有吸引力和缺乏吸引力的外星人或德国牧羊犬一样，对它们来说，这两个人也是难以区分的。但是，自己物种中的微小差异却会在脑中产生很大的影响。举例来说，有些人觉得女性穿短裤令人陶醉，男性穿短裤却令人反感，尽管从几何角度来看，这两个场景几乎没有太大不同，但人们的观感却截然不同。我们辨别细微差别的能力非常精细；我们的大脑被设计来完成明确的择偶和追求任务。所有这些都是在意识的表面下进行的，而我们可以尽情地享受涌上心头的美好感觉。

对美丽的判断不仅是由视觉系统完成的，同时也受气味的影响。气味携带着大量的信息，包括潜在伴侣的年龄、性别、生育能力、身份、情感和健康状况等。气味信息是由一撮飘浮的分子携带的。对许多种动物来说，它们的行为完全是受这些化合物驱动的；对人类来说，这些信息虽然总是在意识感知的雷达范围之外出现，却对我们的行为有非常深远的影响。

想象一下，我们给一只雌性老鼠提供一群雄性老鼠作为交配选择。其选择绝不是随机的，而是基于其基因和追求者的基因之间的相互作用而做出的。但雌性老鼠是如何获得这种隐藏的信息的呢？所有哺乳动物都有一组被称为主要组织相容性复合体（major histocompatibility complex，MHC）的基因，这些基因是免疫系统中的关键角色。在有选择的情况下，老鼠会选择一个与自己的 MHC 基因不相似的伴侣。在生物学上，混合基因库总是一个好主意：它可以将遗传缺陷保持在最低限度，并让被称为杂种优势的健康基因相互作用。所以，寻找基因不相似的伴侣有很多好处。但是，几乎失明的老鼠是如何做到这一点的呢？答案在于鼻子。鼻子里的受体会接收一种名叫信息素的飘浮着的化学物质，信息素通过空气传递诸如警报、食物踪迹、性准备以及基因相似与否的信号。

那么，人类能否像老鼠一样感知和响应信息素呢？没有人确切知道这一答案，但研究发现，人类鼻腔里有与老鼠体内传递信息素信号的受体一样的受体。我们尚不清楚人类这一受体是否有作用，但某些行为研究提供了一些见解。伯尔尼大学的一项研究中，研究人员对一组男女学生的 MHC 进行了测量和量化。然后，男学生被要求穿上研究者提供的棉质 T 恤，他们在日常活动后产生的汗水浸透了 T 恤。等他们回到实验室后，研究者让女学生用鼻子闻这些 T 恤，选择自己喜欢的体味。结果显示，她们更喜欢与自己的 MHC 更不一样的男学生的体味。显然，鼻子也在影响我们的选择，我们再次在意识的雷达范围之外完成了"生殖"任务。

此外，人类的信息素可能携带除生殖以外的其他不可见的信号。例如，新生儿基于信息素的引导，可能会倾向于接触在母亲乳房上摩擦过的垫子而不是清洁的垫子；而女性闻了其他女性的腋窝汗后，其月经周期的长短可能会发生变化。

尽管信息素明显带有信号，但它们对人类行为的影响程度尚不清楚。我们的认知有如此多的层次，以至这些线索被简化成了一个个"小角色"。不管信息素有什么作用，它都在提醒我们：大脑在不断进化，而这些分子揭示了"过时遗留软件"的存在。

行为倾向是天生的还是后天形成的

想想你对母亲的依恋，以及她对你的爱带来的好处，尤其当你还是一个无助的婴儿时。这种情感联结很容易被认为是一种自然现象。但我们仅仅做出简单的探讨就会发现，社会依恋依赖于复杂的化学信号系统。这并非是默认的，而是有目的地发生的。当幼鼠的阿片系统（该系统涉及疼痛抑制和奖励）被基因工程改造成缺乏一种特殊类型的受体时，幼鼠就不再关心与母鼠的分离，它们会叫得更少。这并不是说它们不关心与母鼠分离这件事，事实上，它们在应对有威胁的雄性老鼠或寒冷环境时比正常老鼠更敏感。只是，它们似乎和母鼠没有了联系。当让它们在母鼠的气味和陌生老鼠的气味之间进行选择时，它们选择母鼠和陌生老鼠气味的可能性是一样的。同样的事情也发生在它们被送进母鼠的巢和陌生老鼠的巢时。换句话说，幼鼠必须运行正确的遗传程序才能正确地关注母鼠。这可能就是导致依恋困难的疾病的根源，例如孤独症。

与父母依恋问题有关的还有对伴侣的忠诚度。常识告诉我们，一夫一妻制是基于道德品格的决定，但这首先引出了"什么是品格"这一问题。这也能被意识雷达范围之外的机制引导吗？

以草原田鼠为例。这些小生物在地下挖掘狭窄的跑道，全年保持活跃。但与其他田鼠和哺乳动物不同的是，草原田鼠保持着一夫一妻制。它们形成了终生的结对关系，窝在一起，挤成一团，训练和抚养幼崽。为什么它们表现出这种忠诚的从属关系，而它们的近亲却肆无忌惮？答案在于激素。

当一只雄性田鼠与一只雌性田鼠反复交配时，它们的大脑会释放一种叫作加压素的激素。加压素会与大脑中伏隔核的受体结合，这种结合带来了一种愉悦的感觉，而且这种愉悦的感觉与这只特定的雌性田鼠联系在了一起。这就锁定了一夫一妻制，也就是所谓的结对。如果阻断了这种激素，那这种配对关系就会消失。令人惊讶的是，当研究人员用基因技术提高加压素水平时，他们可以将一夫多妻制的物种转变为一夫一妻制的物种。

加压素对人际关系重要吗？2008 年，瑞典卡罗林斯卡研究所的一个研究小组对 552 名处于长期异性恋关系中的男性进行了血管升压素受体基因检测。研究人员发现，被试体内一个名为 RS3334 的基因片段的数量有所不同：被试可能没有这一片段，也可能拥有一段或两段这一片段的复本。片段的复本数量越多，血液中的血管升压素对大脑的影响就越小。结果显示，片段的复本数量与男性的结对行为有关。RS3334 片段较多的男性在夫妻关系方面得分较低，包括他们的关系强度、感知的婚姻质量以及配偶感知的婚姻质量。有两段复本的人更有可能不婚；即使他们结婚了，也更有可能会出现婚姻问题。

这并不是说选择和环境无关紧要，事实上，它们也会产生影响。但这项研究说明，人来到这个世界时就有着不同的倾向。有些男性可能在基因上倾向于拥有一个伴侣，有些男性则可能不是这样。在不久的将来，经常接触科学文献的年轻女性可能会要求对男朋友进行基因测试，以评估他们成为忠实丈夫的可能性。

近些年，进化心理学家把研究目标转向了爱情和离婚。他们很快便注意到，当人们坠入爱河时，最长约 3 年，激情和迷恋就会达到顶峰。此时，身体和大脑中的内部信号基本上就是一种爱情药物。然后，激情和迷恋开始下降。从这个角度来看，人被预先设定为在养育孩子所需的时间（平均大约 4 年）过去后，就会对性伴侣失去兴趣。心理学家海伦·费雪（Helen Fisher）提出，人的程序与狐狸的程序相同，狐狸在繁殖季节结对，一起相处的时间刚好够抚养后代，然后分手。通过研究近 60 个国家的离婚情况，费雪发现，离婚高峰出现在结婚后 4 年左右，这与她的假设是一致的。在她看来，内在产生的爱情药物只是一种有效的机制，这种机制让男性和女性在一起的时间足够长，以增加年幼后代生存的可能性。为了后代生存这一目的，父母双全比单亲更好，而提供这种安全感的办法就是让他们待在一起。

同样，婴儿的大眼睛和圆脸在我们看来很可爱，不是因为他们具有天生的可爱特质，而是因为从进化上来说，成年人具有照顾婴儿的特质。那些认为自己的婴儿不可爱的基因已经不存在了，因为这类人的孩子没有得到适当的照顾，于是其基因没有传下来。幸存者如我们，精神世界不会允许我们觉得婴儿不可爱，于是我们成功地养育了婴儿，培育了下一代。

我们在这一章中看到，最深层的本能以及我们所拥有或可以拥有的各种想法，以一种基础的方式被刻录进大脑中。"这是个好消息，"你可能会想，"我的大脑正在做一切有利于生存的正确的事情，而我甚至都不用去想它们！"这的确是个好消息。但你没有想到的部分是，有意识的那个"你"只是大脑中最微不足道的小角色。这就像一位年轻的君主继承了王位，为国家的荣耀而自豪，却从未意识到有数百万工人正在管理着这个国家。

　　我们需要一些勇气才能开始考虑自己的精神环境的局限性。我们回到电影《楚门的世界》。有一次，一位匿名的女性在电话中向制片人暗示，可怜的楚门在数百万观众面前不知不觉地出现在电视上，与其说他是演员，不如说他是囚犯。制片人平静地回答：

　　　　这位打电话的女士，难道你不是人生舞台上的一名玩家吗？你不是也在履行自己的职责吗？他随时都可以离开，如果他下定决心要找出真相，那我们是无法阻止他的。这位女士，我认为真正让你苦恼的是楚门最终更喜欢你口中的舒适的"牢房"。

　　当开始探索自己所处的舞台时，我们会发现生存空间之外还有很多东西。这种探索是一个缓慢、渐进的过程，但它让我们对外面更大的"摄影棚"产生了深深的敬畏感。

　　现在，让我们准备好进入大脑的另一层，揭开所谓的"你"的秘密——就好像你是一个单一的个体一样。

Incognito

第 **5** 章

不同自我的竞争与合作

Incognito

◖● 为什么大学生通常愿意以 500 美元的条件在去世
后捐出遗体？

◖● 大脑真的可以按功能分区吗？

◖● 我们能快速说出用绿色墨水写的"蓝色"是什么
颜色吗？

我自相矛盾吗？那好吧，我是自相矛盾的，

我辽阔博大，我包罗万象。

——沃尔特·惠特曼（Walt Whitman），《自我之歌》（*Song of Myself*）

大脑中有多少个"自我"

2006 年 7 月 28 日，在加州马里布的太平洋海岸高速公路上，美国演员梅尔·吉布森以接近两倍于限速的速度行驶，后被警察叫停。警官詹姆斯·梅（James Mee）对吉布森进行了酒精浓度测试，结果发现他血液中的酒精浓度达到了 0.12%，远远超过法律规定的标准。而在吉布森旁边的座位上，正放着一瓶打开的龙舌兰酒。随后，吉布森被逮捕了。

与其他好莱坞酒驾事件不同，这起酒驾事件尤为特殊的原因，是吉布森令人惊讶且不恰当的煽动性言论。当时，吉布森咆哮道："该死的犹太人……犹太人应当为这个世界上所有的战争负责。"接着，他向警官发问："你是犹太人吗？"詹姆斯回答"是"。于是吉布森拒绝进入警车，詹姆斯不得不为他戴上了手铐。

酒驾事件发生不到 19 小时，娱乐新闻网站 TMZ.com 就获得了一份被泄露的手写逮捕证，并立刻将其发布了出来。7 月 29 日，在遭到媒体的激烈批评之后，吉布森发布了一封道歉信：

> 周四晚上酒驾后，我做了一系列非常错误且让我为之感到羞愧的事情……当我被逮捕时，我表现得就像一个完全失控的人，说了一些令人厌恶的、我并非真的那样认为的话。我为我所说的一切感到深深的愧疚，并向所有我冒犯的人道歉……我的行为玷污了自己以及我的家族的名誉，对此我真心地感到抱歉。成年后，我一直在与酗酒做斗争，我为此次可怕的旧病复发感到深深的后悔。我为我在醉酒时做出的所有不恰当行为道歉，而且我已经采取了必要的行动来保证我能够恢复健康。

由于吉布森在道歉信中没有提及他的反犹太主义的诽谤言论，美国反诽谤联盟（Anti-Defamation League）主席亚伯拉罕·福克斯曼（Abraham Foxman）表达了自己的愤怒。作为回应，吉布森又写了一封悔恨信，明确地表达了对犹太人的歉意：

> 任何有此类思想或发表过任何形式的反犹太言论的人都没有任何借口为自己开脱，人们应当对这类行为零容忍。我为自己在因酒驾而被逮捕的那晚，对执法人员说出的恶意言辞而特别向犹太人群体的每名成员道歉……我所信奉的信条要求我将慈善和宽容作为一种生活方式来践行。每个人都是上帝的孩子。如果我想要尊重我的上帝，那么我必须尊重他的孩子。但是请相信，我本质上并不是一个反犹太主义者。我并不是一个有偏见的人，任何形式的仇恨都与我的信仰相背离。

吉布森还提出要与犹太团体的领袖人物进行一对一的会面，以找到合适的"治愈心理创伤"的方法。吉布森看起来是非常真诚地感到懊悔，亚伯拉罕·福克斯曼也代表反诽谤联盟接受了他的道歉。

那么，吉布森到底是一名反犹太主义者，还是像他后来在其动人的道歉信中所展现的那样呢？

在《华盛顿邮报》一篇标题为《梅尔·吉布森：开口的不只是龙舌兰酒》的文章中，专栏作家尤金·罗宾逊（Eugene Robinson）写道："我为他（酗酒症）的旧病复发感到惋惜，但我不相信一点儿龙舌兰酒，或者哪怕是大量的龙舌兰酒，就能以某种方式将一个没有偏见的人转化成一个狂暴的反犹太主义者，或者将其转化成一个种族主义者、一个反同性恋者，或者一个带有任何形式的偏见的人。酒精移除了人们对想法的主观抑制，从而使任何观点都能不接受审查而释放出来。但是，不能将形成和滋养这些观点的责任归于酒精。"

电视节目《斯卡伯勒国度》（Scarborough Country）的制作人迈克·雅维茨（Mike Yarvitz），用实际行动证明了罗宾逊的观点。他在节目中饮酒，让自己血液中的酒精浓度达到 0.12%，也就是那晚吉布森血液中的酒精浓度。雅维茨报告说他饮酒后"并没有反犹太人的想法"。

就像其他许多人一样，罗宾逊和雅维茨都怀疑酒精只是解开了吉布森对自己想法的抑制，而使其展露出真正的自己。而且，他们的怀疑可以追溯到很久之前：古希腊诗人米蒂利尼的阿尔凯奥斯（Alcaeus of Mytilene）创造了一个流行短语："En oinoálétheia"（美酒中存在着真实）。这一短语被古罗马的老普林尼（Pliny the Elder）复述为"In vino veritas"。犹太典籍《巴比伦塔木德》（The Babylonian Talmud）中包含着同样的思想："进去的是酒，出来的是秘密。"并劝告世人："在三件东西中能够发现一个人的真面目，即他的酒杯中、他的钱包中、他的愤怒中。"古罗马历史学家塔西佗（Tacitus）宣称，日耳曼人总是在举行议会时让所有与会者喝酒，以防止任何人撒谎。

但并非所有人都认同酒精暴露了梅尔·吉布森的真面目这个猜想。美国《国家评论》（National Review）的作家约翰·德比夏尔（John Derbyshire）争辩道："看在上帝的份儿上，这家伙喝醉了。所有人在喝醉的时候都会说傻话，做傻事。假使我要因为自己在喝醉时的越轨和愚蠢行为遭到审判，那么我绝对已经是在文明社会之外了，并且对你们来说也是一样，除非你们是圣徒。"犹太保守派活动家大卫·霍洛维兹（David Horowitz）在《福克斯新闻》上评论道："当人们处于这种困境时，他们很值得同情。我认为，对吉布森没有表现出同情的人非常没有教养。"研究成瘾的心理学家艾伦·马拉特（G. Alan Marlatt）在《今日美国》上写道："酒精并非吐真剂……这些话可能反映了，也可能没反映他的真实想法。"

事实上，在被逮捕前，吉布森整个下午都待在他的朋友、犹太裔电影制作人迪安·德夫林（Dean Devlin，他妻子也是犹太人）的家中。德夫林宣称："梅尔（指梅尔·吉布森）酒瘾复发时，我正和他在一起，他变成了一个完全不同的人。真令人感到非常可怕。"他同时也宣称："如果梅尔是一个反犹太主义者，那么他花这么多时间和我们在一起就完全说不通了。"

那么，究竟哪一面才是吉布森的"真面目"呢？是大声喊出反犹太言论的一面，还是感到懊悔和羞愧，并公开道歉请求谅解的那一面呢？

许多人都倾向于认同一个关于人性的观点：人性包含真实的一面和虚伪的一面。换句话说，人们都有着一个独立的、实实在在的目的，其他部分都是装饰、逃避或掩饰。这个观点是符合直觉的，但却不完善。一项关于大脑的研究发现，对于人性，更加精细的考察很有必要。正如我们将要知道的那样，人类是由很多神经元亚群组成的，也正如沃尔特·惠特曼所说的，我们"包罗万象"。尽管吉布森的诋毁者坚持认为他是一个真正的反犹太主义者，但吉布森的辩护者坚持认为他不是。两边可能都是在为一个不完整的故事辩护，从而支持自身的偏向。

有没有证据能够证明，大脑中同时存在种族主义和非种族主义是不可能的呢？

　　20 世纪 60 年代，人工智能的先驱们曾经彻夜工作，试图构建出简单的机器人程序，使其能够对小木块进行操作：搜寻这些小木块，取回它们，将它们摆成特定的图案。这项任务属于看上去很简单，做起来却格外困难的任务之一。毕竟，要发现一个小木块，需要弄清摄像机的哪些像素对应着一个木块，而哪些像素没有。无论木块呈现怎样的角度、距离摄像机有多远，都需要成功识别木块的外形。而抓住木块则需要对抓握器进行视觉引导，使其能够在正确的时间，从正确的角度，采用合适的力度握紧木块。而摆放这些木块则需要对剩下的木块进行分析并调整细节。而且所有的程序模块必须协调工作，使得它们能够在正确的时间点以正确的顺序被执行。正如我们在前面的章节中所了解的那样，看起来简单的任务可能需要极其复杂的计算支持。

　　在几十年前，计算机科学家马文·明斯基（Marvin Minsky）及其同事在面对这个复杂的机器人问题时，提出了一个进步的理念：或许，通过将这些工作分配给多个具有特定功能的子代理程序，也就是能够解决问题一小部分的更小的计算机程序，机器人就能解决这个难题。比如，可能有一个程序负责搜寻任务，另一个程序负责解决抓取任务，还有一个程序则负责处理摆放木块的任务……这些不需要思考的子代理程序可能在一个等级体系中互相联系，就像一家公司一样，并且它们能够互相通信以及将情况汇报给它们的"老板"。正是由于等级体系的存在，在搜寻程序和抓取程序还未完成各自的任务前，摆放木块程序并不会尝试开始工作。

　　利用子代理程序的想法并不能完全解决这个问题，但它对解决这个问题确实帮助很大。更重要的是，这一想法使得一个关于生物体大脑如何工作的新观点受到了人们的关注。马文·明斯基认为，人类的心智可能就是大量像机器一样的互相连接的子代理程序的集合，而每个子代理程序本身是无意识的。在这个想法中，最关键的就是，大量具有特定功能的"小工作者"可以组成一个类似于社群的东西，而这个社群所具有的丰富的属性是组成它的单个"小工作者"所不具备的。马文·明斯基写道："每个心理的智能体只能独自完成一些不需要思想，甚至不需要思考的工作。然而，当我们以某种非常特别的方式将这些智能体组合成一个社群时，它就会带来智能。"在这一框架下，成千上万的"小心智"可能会比一个"大心智"更好。

想要更好地理解这一思路，可以想想工厂是如何运作的：流水线上的每个工人都专门从事生产的一个方面。没有人知道如何做所有的事情；就算知道，生产也不会变得更高效。这也是政府部门的运作方式：每一名行政人员都只负责一项任务或只负责一些非常专门化的任务，政府则能有效地将工作进行合理的分配。从更宽泛的意义上讲，文明也是以同样的方式运作：当一种文明学会了"分工"，其中一些专家从事农业生产，一些专家从事艺术创作，还有一些专家从事军事工作，等等，这种文明就达到了更加先进的水平。分工使得专业化以及更深层次的专业知识的产生成为可能。

将问题分治，交由多个子程序模块解决的思想，开启了人工智能这一新兴领域。计算机科学家放弃了构建单独的、能满足一切需求的程序或机器人的尝试，转而将目标定为给这些程序或机器人配备更小的"本地专家"网络，使其将一件事情做专、做精。在这样一个框架中，更上层的系统只需要在特定的时间点切换对应的"专家"进行操控即可。对人工智能学习的挑战也不再是如何完成每个小任务，而是如何分配何人、何时、做何事。

正如马文·明斯基在他的著作《心智社会》（*The Society of Mind*）中所认为的那样，这或许也是每个人类的大脑正在做的工作。回顾威廉·詹姆斯所提出的本能的概念，马文·明斯基强调，如果大脑确实是作为智能体的集合来工作的，那我们就没有任何理由需要意识到某个特定的加工过程具体是怎样运转的：

> 当我们期盼、想象、计划、预测以及阻止事情发生时，必然有数以千计，甚至数以百万计的微小的加工过程都参与其中。而上述这些人脑的机能又进行得如此自动化，以至我们将它们视作"基本常识"。乍一想，我们的思维能够使用如此复杂的机制且居然对此没有任何意识，或许会显得令人难以置信。

当科学家开始研究动物的大脑时，这种心智社会的观点为他们提供了新的看待事物的方式。20 世纪 70 年代早期，许多研究者意识到，青蛙拥有两个相互独立的探测运动的系统：一个能将青蛙的舌头的运动导向高速运动着的小物体，比如苍蝇；另一个则能在有大的物体逼近时指挥青蛙的腿完成跳跃动作。而据推测，这两个系统可能都不具备自主意识，相反，它们恰恰可能就是烙印在神经回路中的简单的、自动化的程序。

心智社会这一框架是智能领域研究向前迈出的重要一步。尽管这个框架在最初提出时令人感到眼前一亮，却从未有充足的证据证明一个分工明确的"专家集合体"足以产生人脑的机能。事实上，即使是最聪明的机器人，也不如一个 3 岁的小孩聪明。

那么，问题到底出在哪里呢？我认为，有一个关键的因素被分工模型忽略了，下面我们就来讨论这一点。

两党制：大脑是理性的还是情绪化的

在马文·明斯基的理论中，被忽略掉的因素就是，很多"专家"在相信自己知道如何正确地解决问题时之间的竞争。就如同一出精彩的戏剧，人脑也是在冲突中运行的。

大脑是由多种多样的功能重叠的"专家"构成的，它们为不同的选择增加筹码，在不同的选择间竞争。正如沃尔特·惠特曼所说的，我们"辽阔博大"，我们"包罗万象"。而且位于我们内部的"众人"一直处在长期的战斗之中。

大脑中不同派系持续进行着"交谈"，每个派系都争着要控制你的行为——一个单独的输出频道。结果就是，你可以做到与自己争吵、咒骂自己、哄骗自己做一些奇怪的事情等，而这些都是电脑不会做的。当聚会的女主人问你要不要吃巧克力蛋糕时，你会发现自己处于两难境地之中：你大脑的一部分已经在渴求糖中丰富的能量，而另一部分则会考虑其带来的负面结果，比如心脏问题或是腰部赘肉。你大脑的一部分想要吃蛋糕，而另一部分则试图鼓起勇气让你放弃蛋糕。最终的投票决定了究竟是哪部分控制了你的行动，也就是决定了你究竟会伸出手接住蛋糕，还是表示拒绝。很显然你不能两样都做到。

正是由于这些内部"众人"的存在，生物体才可能自我矛盾。"自我矛盾"这个术语显然不能用来描述一个只有单一程序的实体。你的车不可能在转向哪条路这件事上发生自我矛盾：它只有一个方向盘，并且由唯一的驾驶员控制，它只会毫无抱怨地按照方向前行。与之相对，大脑可以有两种想法，并且常常可能会有更多的想法。我们不知道究竟是要接受蛋糕，还是远离它，这是因为在我们行为的"方向盘"上，有几组"小手"同时试图控制方向。

让我们来看一个小鼠实验。如果同时在一条小径的末端放好食物并设置好电击装置，那么小鼠会发现自己在距离小径末端不远处受到了电击。它开始前进却又想退缩，当它开始退缩时又重新鼓起了继续前进的勇气。它动摇着，开始自我矛盾。如果给这只小鼠装备上一个小小的装置，单独测量它将自己拉向食物的驱动力，再单独测量它将自己与电击拉开距离的拉力，你会发现，如果这两个力大小相等、相互抵消，小鼠就会停在原地。困惑的小鼠试图将"方向盘"转向两个相反的方向，结果就是它哪里也去不了。

无论是小鼠的大脑还是人类的大脑，都是由自相矛盾的部件组成的机器。如果你觉得这听起来有些奇怪，那么试着考虑人类已经搭建出来的社会机器——法庭上的陪审团吧。拥有不同观点的 12 位陌生人被要求完成一项简单的任务——达成一致的意见。陪审团成员互相辩论、互相劝诱、互相影响，在态度变得缓和后，最终达成一致的决定。每个成员拥有不同观点本身并不是陪审团制度的缺点，恰恰相反，它是陪审团制度的核心特征。

受到这种建立共识的技巧的启发，亚伯拉罕·林肯选择将自己的竞争对手威廉·西沃德（William Seward）和萨蒙·蔡斯（Salmon Chase）安排进自己的总统内阁。如果用历史学家多丽丝·卡恩斯·古德温（Doris Kearns Goodwin）的经典名言来说，林肯选择的是一支政敌团队。竞争性的团队是现代政治战略中的核心策略。2009 年 2 月，当津巴布韦的经济一落千丈时，总统罗伯特·穆加贝（Robert Mugabe）同意与他先前试图刺杀的竞争对手摩根·茨万吉拉伊（Morgan Tsvangirai）分享权力。我认为，将大脑当成是一支政敌团队来理解是最贴切的，本章剩下的部分就将探索这个"政敌团队"的框架：所谓大脑中的"政党"究竟对应的是什么，它们是如何竞争的，联盟又是如何形成的，当它们解体时又会发生什么。

在学习接下来的内容时你要记住，这些相互竞争的党派往往具有相同的目标——为了整个国家的成功，但它们往往会用不同的方式来实现这一点。正如林肯所言，"为了更大的利益"，竞争对手应当被转化为盟友。而对神经元亚群来说，共享的利益就是生物体的生存与茁壮成长。正如自由派和保守派都热爱国家，却可以利用完全不同的策略来引领国家一样，大脑也以同样的方式拥有互相竞争的派系，且其各自都相信自己知道解决问题的正确途径。

在试图理解人类行为的奇怪细节时，心理学家和经济学家喜欢用"双重过程"（dual-process）来说明。根据这种观念，大脑包含两个独立的系统：一个快速、自动、处于有意识的表面之下；而另一个缓慢、有认知且有意识。第一个系统是自动的、隐式的、启发式的、直观的、整体的、被动的和冲动的，而第二个系统是认知的、系统的、明确的、善于分析的、基于规则的和善于反思的。这两个加工过程总是在相互竞争。

尽管被称为"双重过程"，但没有理由认为人类大脑只有两个系统。事实上，人类大脑可能有多个系统。例如，弗洛伊德在 1920 年提出的心理模型中的 3 个相互竞争的部分：本我（本能的）、自我（现实的和有组织的）和超我（批判性的）。20 世纪 50 年代，美国神经科学家保罗·麦克莱恩（Paul

MacLean）认为，大脑由代表着进化发展的相继阶段的 3 个层次组成：爬行动物大脑（参与生存行为）、边缘系统（涉及情绪）和新皮质（用于高阶思维）。这些理论在神经生理学家中已不再流行了，但这个想法的核心仍旧存在：大脑由相互竞争的子系统组成。我们将继续使用广义的双重过程模型作为起点，因为它足以表达出问题的精髓。

心理学家和经济学家以抽象的术语来思考这些不同的系统，而现代神经科学家则努力寻求其生理结构上的基础。并且，大脑的神经元接线方式恰好与双重过程的模型相符合。大脑的某些区域，例如背外侧前额叶皮质，涉及关于外部世界的事件的高阶操作；另一些区域，例如内侧前额叶皮质以及大脑皮质下方深处的几个区域，则监控你的内部状态，比如饥饿程度、动机感，或者某些东西是否对你有益。其实，真实情况比这种粗糙的分区更复杂，因为大脑可以模拟未来的状态、回忆过去、分析想要找到的东西的位置等。但就目前而言，将系统大致划分成监测外部和内部的系统就可以了，我们后面再来细化。

给大脑贴上合适的标签，既不像黑匣子一样简单，也不像神经解剖学那样复杂，我选择了人人都熟悉的两个词："理性"和"情绪"。这两个词既不够专业，也不够完美，但它们可以表现出大脑中竞争的精髓。

理性系统关注对外部事物的分析，情绪系统则监视内部状态并关注事物的好坏。换句话说，大体上可以认为，理性认知涉及外部事件，情感则涉及内部状态。不需要内部状态的介入你就可以做数学题，但没有它你不能决定点哪道菜或者给想做的事情排个先后顺序。如果要给你可能的下一步行动进行排序，必须要有情绪系统的参与。如果你是个没有情感的机器人，在进入某个房间后，你或许能够分析周围的物体，但你无法决定自己下一步该做什么。对行动的先后顺序做出选择取决于我们的内部状态：回家后是直接走向冰箱、卫生间还是卧室，这并非取决于家中的外部刺激（外部刺激并未改变），而是取决于你身体的内部状态。

电车困境：如何平衡我们的理性和情绪

理性系统和情绪系统之间的争斗可以通过哲学家所谓的电车困境（trolley dilemma）来阐释：一辆失去控制的电车正沿着轨道飞速驶来，轨道前方有 5 名工人正在施工，而你作为一个旁观者正好经过，并很快就意识到他们都即将被碾死；不过你也注意到附近有一个开关，可以将电车转向另一条轨道，而在那条轨道上只有 1 名工人。假设没有其他办法，你会怎么做？

如果像大多数人一样，你会毫不犹豫地按下开关：死 1 个人比死 5 个人要好得多，对吧？这是很好的选择。

如果对这个困境做个有趣的改动会怎样：同样是电车失控，同样是前方有 5 名工人，但这次你站在轨道上方的人行天桥上，且恰好有 1 位肥胖的男性站在天桥上。你意识到，如果你把他推下桥，他的身体足以挡住电车并拯救 5 名工人。你会把他推下去吗？

如果像大多数人一样，你就会因为谋杀了这个无辜的人而感到愧疚。但细想一下，这与你之前的选择有何不同？不都是以 1 个人的生命去换 5 个人的生命吗？

那这两种情况究竟有什么不同？遵循康德主义的哲学家提出，这两种情况的差异在于人是如何被使用的。在第一种情况下，你只是将糟糕的情况，即 5 个人的死亡，变成一个不太糟糕的情况，即 1 个人的死亡。而在第二种情况下，站在天桥上的人是作为被利用的工具而死去的。这是哲学著作中流行的解释。但有趣的是，我们也可以从脑神经科学的角度来理解为什么人们会做出相反的选择。

神经科学家乔舒亚·格林（Joshua Greene）和乔纳森·科恩（Jonathan

Cohen）提出了一个新解释：两种情况的区别在于一个情绪性因素——是否真正触碰到某人，也就是说，是否与对方有近距离的接触。如果可以通过一个开关使天桥上的人掉下去，那将会有很多人选择让他掉下去。而如果需要与那个人近距离接触，那与接触相关的某种因素就会阻止大多数人将他推下去。为什么？因为这种人际接触激活了情绪系统，它将抽象的、非个人化的数学问题转化为个人的、情绪性的问题。

在人们思考电车困境时对其进行脑成像观测，可以看到他们的大脑里发生了什么。在天桥情景中，负责运动计划和情感的区域被激活；相比之下，在开关情景中，只有涉及理性思维的侧面区域被激活。当要把某个人推下去时，人们就会卷入情感；当只需要按下开关时，人们的大脑就像《星际迷航》里的史波克一样冷静。

在《阴阳魔界》（*The Twilight Zone*）这部美剧中，人脑的理性系统和情绪系统之间的争斗表现得淋漓尽致。其中有一个情节大致是这样的：

> 穿着大衣的陌生人突然出现在一个男人的家门口，并提出了一笔交易——"这是一个盒子，上面有一个按钮。你需要做的就是按下按钮，然后我会付给你 1 000 美元。"
>
> "按下按钮会发生什么？"男人问道。
>
> 陌生人告诉他："当你按下按钮时，某个离你很远，你甚至都没听说过的人会死。"
>
> 这个男人整晚都因为这个道德抉择而难以入睡，按钮盒放在厨房的桌子上，他盯着它看，踱来踱去，额头上渗出了汗珠。
>
> 最后，在对自己糟糕的财务状况进行了评估之后，他猛地冲向盒

子。按下按钮后，什么都没发生，周围安静得有些可怕。

　　不一会儿，门响了。穿着大衣的陌生人就在门口，陌生人把钱交给他，并拿走了盒子。

　　"等等，"男人喊道，"发生了什么？"

　　陌生人说："现在，我要把盒子拿给下一个人，某个离你很远，你根本不认识的人。"

　　这个情节突出表现了在不涉及个人情绪的情况下按下按钮是多么容易，而如果让这个人亲手杀死某个人，他就更有可能会拒绝这项交易。

　　在人类进化的早期阶段，任何手、脚或棍子所能触及的范围之外的事物，人们都无法与之接触。这种接触的距离是很重要的，这也是我们的情绪性反应起作用的距离。而现在，情况有所不同，比如军人发现他们在远处也可以杀人。

　　在莎士比亚的《亨利六世中篇》（*Henry VI' Part 2*）中，反叛者杰克·凯德挑战赛伊勋爵，嘲笑他没有亲自上过战场："哪一次打仗你出过力？"赛伊勋爵回应道："伟人的攻击是着眼于远方的，我常能打击那些我从未见过的人，而且能把他们彻底摧毁。"

　　在现代，我们只需按一下按钮，就可以从波斯湾和红海的海军舰艇甲板上发射 40 枚战斧地对地导弹。几分钟后，导弹操作员就可以通过电视直播看到，巴格达的建筑物在烟尘中崩塌。接触感没有了，情绪性反应也随之消失了。发动战争不会触动个人情绪，这一特性令人担忧。在 20 世纪 60 年代，一位政治思想家提出，发动核战争的按钮应该植入总统最亲密的朋友的胸膛。这样一来，如果总统想要发动战争，他首先要切实地伤害他的朋友，打开他的胸膛按下按钮。这至少会使他在做决策时启动情绪系统，从而避免他做出冷酷的选择。

　　由于理性和情绪的神经系统都要争夺唯一的行为输出通道的控制权，因此情感能够影响决策的天平。这项由来已久的争斗在许多人身上已经变成了一种信条：如果感觉某个事物不好，那可能就是这个事物错了。当然，很多时候这是不成立的。例如某人可能对另一个人的性取向感到厌恶，但却仍然深信这样的选择在道德上是没有问题的。不过，用它来指导决策还是很有用的。

情绪系统在进化过程中存在已久，因此许多其他物种也有这种系统；而理性系统是后来才出现的。但正如我们所看到的，理性系统后出现并不一定代表它高级。如果每个人都像史波克一样只有理性，没有情感，那么社会并不会因此而变得更好。相反，大脑内部的对手之间相互平衡才更有利。我们对于将人从人行天桥上推下去的行为感到厌恶，这一点对于社交互动至关重要；而人们在按下按钮发射导弹时感到无动于衷，这对文明社会是不利的。我们需要在情绪系统和理性系统之间达成某种平衡，而人脑中的这种平衡可能已经通过自然选择进行过优化了。从这个角度来看，民主社会一分为二可能恰到好处——任何一边占优势都不会更好。

古希腊人有一个比喻捕捉到了这种智慧：你是一名马车夫，马车由两匹骏马拉着——代表理性的白马和代表情绪的黑马。白马总是试图把你往路的一边拉，黑马则往另一边拉。你的任务就是抓紧缰绳把它们控制住，这样你就可以沿着中间的路继续走。

情绪系统和理性系统不仅控制即时的道德决定，在另一种熟悉的情境中也起作用：我们的当前行为。

偏好逆转：为什么大脑会与"魔鬼"交易

几年前，心理学家丹尼尔·卡尼曼（Daniel Kahneman）[①] 和阿莫斯·特

[①] 丹尼尔·卡尼曼是美国著名认知心理学家，诺贝尔经济学奖得主，其著作《噪声》中文简体字版已由湛庐引进并策划，现已由浙江教育出版社出版。——编者注

沃斯基（Amos Tversky）[1] 提出了一个看似简单的问题：我现在给你 100 美元和一周后给你 110 美元，你会选择哪种？大多数被试选择了立刻拿到 100 美元。他们认为似乎不值得花一周的时间换取额外的 10 美元。

然后研究人员略微改变了这个问题：如果我 52 周后给你 100 美元，或者 53 周后给你 110 美元，你会选择哪个？这时人们倾向于改变选择偏好，选择等待 53 周。

请注意，这两种情况是相同的，都是多等待 1 周就可以获得额外的 10 美元。那么为什么这两个问题中的选择偏好会反过来呢？

这是因为人们会给未来"打折"，意思是近在眼前的收益的价值要远远高于遥远未来的收益的价值。要推迟满足感很困难，而眼下的最特别——拥有最高价值。卡尼曼和特沃斯基发现的偏好逆转（preference reversal）之所以会出现，是因为"打折"有一条特定的曲线：它在近期的时间段里下降很快，再远些就慢慢变平，更远一些就几乎不变了。如果你将两条过程更简单的曲线合在一起——一条描述短期回报，另一条描述长期回报，得到的曲线刚好如此。

这个实验启发了神经科学家萨姆·麦克卢尔（Sam McClure）、乔纳森·科恩和他们的同事。他们根据大脑中多个竞争系统的框架重新考虑了偏好逆转问题。他们在被试回答经济决策类问题时对其进行脑成像观测，希望发现有一个系统与当前的满足有关，另一个则与长久的理性有关。如果两个系统独立运作并相互竞争，那就正好可以解释实验数据。事实上，他们发现一些与情感有关的脑区在选择当前或近期回报决策时高度活跃，这些区域与冲动行为有关，包括药物成瘾。而当被试倾向于选择长期回报时，与高级认知和思考有关的侧区皮质则更加活跃。而且这些侧区皮质越活跃，被试推迟满足感的意愿就越强。

---

[1] 阿莫斯·特沃斯基是行为经济学的奠基人，诺贝尔经济学奖得主，其著作《特沃斯基精要》中文简体字版已由湛庐引进并策划，现已由浙江教育出版社出版。——编者注

2005 年至 2006 年，美国房地产泡沫破灭。其中违约贷款的 80% 都是活动利率贷款。签了这种合约的次级抵押贷款的借款人突然发现自己即将面对高昂的利率，无法再融资，于是违约率飙升。2007 年年底到 2008 年年初，将近 100 万套美国房屋被取消抵押品赎回权。抵押贷款支持证券迅速贬值，世界各地的信贷紧缩，经济崩溃了。

这与大脑中的竞争系统有什么关系？事实上，次级抵押贷款优惠完美地利用了"我现在就要"系统：现在用很低的价格就能买下一栋漂亮的房子，令你的朋友和父母刮目相看，过上比你想象的更舒适的生活；也许你的活动利率贷款的利息会上升，但那是很久以后的事情，以后的事情还不知道如何发展呢。通过直接激活即时满足回路，贷方让美国经济差点儿崩盘。经济学家罗伯特·席勒（Robert Shiller）在发现次贷危机苗头后，推测泡沫的原因是："传染性的乐观主义不愿意面对价格上涨将导致的现实。泡沫主要是社会现象，除非我们能够理解并解决其背后的心理学问题，否则它还会发生。"

当你开始寻找"我现在就要"的交易例子时，你会发现处处都是。前不久我遇到了一个人，他在大学期间同意以 500 美元为条件在他去世后将遗体交给大学医学院。接受这笔交易的学生都要在脚踝上文身，以便几十年后一旦他死了，医院知道他的遗体应该送到哪里。医学院很容易达成交易：对于大学生来说，现在获得 500 美元感觉很棒，而死亡却是很遥远的事。捐赠遗体本身没有任何问题，这里只是用来说明典型的双重过程冲突和众所周知的魔鬼交易：现在满足你的愿望，在遥远的将来出卖你的灵魂。

这种神经斗争在婚后不忠的情况中也很常见。夫妻二人在真心相爱时做出承诺，但后来遇到的诱惑引诱他们以另一种方式行事。1995 年 11 月，比尔·克林顿认为，未来失去对美国的领导权的风险比不上当下与迷人的莫妮卡一时欢愉带来的乐趣。

因此，当我们说某人有道德时，并不一定是说他没有受到诱惑，而是说他能够抵挡诱惑，也就是能够不让这种竞争拉锯向即时满足倾斜。我们尊重这样的人，因为屈服于冲动很容易，要战胜它却异常困难。弗洛伊德指出，理智和道德很难与人类的激情和欲望相抗衡，这就是为什么"说不"或禁欲运动永远都不会成功。还有人提出，理性和情绪的这种不平衡可以解释宗教的坚韧性：宗教极好地利用了情绪系统，理性的观点在这种吸引力面前不堪一击。

人们在短期欲望和长期欲望之间做斗争并不是一种新的现象。古犹太人的作品中就曾提出，人是由两个相互影响的部分组成的：一个总是想现在就要得到事物的身体（guf）和一个拥有长期的信念的灵魂（nefesh）。德国人也用一种富有幻想的表达方式来形容那些试图延迟满足的人：他们必须战胜内心的野兽（innerer schweinehund），有时，"内心的野兽"也会被翻译成令人困惑的"内心的猪狗"（inner pigdog）。

其实，你在世界上的所作所为只是这场争斗的最终结果。但故事还未结束，因为大脑的各个部分可以从与其他部分的互动中学习。因此，情况很快就不再是单纯的短期欲望与长期欲望的简单抗衡，而是进入了复杂得令人惊讶的谈判过程。

尤利西斯合约：为什么我们甘愿受约束

1909 年，宾夕法尼亚州卡莱尔信托公司（Carlisle Trust Company）的财务主管默克尔·兰迪斯（Merkel Landis）在长途散步中忽然有了一个新的盈利的点子——开一家"圣诞银行俱乐部"：客户在银行中存款一年，如果他们提前取钱，就会收取费用；如果坚持到年底，人们可以及时获得他们存入的钱并进行节日购物。如果这个想法有效，那么银行全年将有足够的资金用来再投资和获利。但这个想法会有用吗？人们在几乎没有利息的情况下是否愿意全年放弃自己的资金？

在兰迪斯进行了初步尝试后，这个概念立刻就火了起来。那一年，近400 名顾客平均每人存入了 28 美元，这在 20 世纪初期是相当大的一笔钱。兰迪斯和其他银行家简直不敢相信自己的运气——顾客希望他们拿着自己的钱。

圣诞银行俱乐部的受欢迎程度迅速上升，不同的银行很快就为了这个假期储蓄业务而互相争斗。报纸也劝说父母们替自己的孩子报名参加圣诞银行俱乐部："为了培养孩子自立和储蓄的习惯"。到了 20 世纪 20 年代，包括俄亥俄州托莱多市的小额储蓄银行（Dime Saving Bank）和位于新泽西州大西洋城的大西洋国家信托公司（Atlantic Country Trust Co.）在内的几家银行，开始制造有吸引力的用黄铜制作的圣诞银行俱乐部标志来吸引新客户。标志上写着："加入我们的圣诞银行俱乐部，保你把钱都花在刀刃上。"

圣诞银行俱乐部为什么会流行呢？如果存款人全年控制自己的钱，他们就可以赚更多利息或投资于新的机会。任何经济学家都会建议他们紧握自己的资本。所以为什么人们心甘情愿地要求银行拿走自己的钱，即使是面对一系列的限制条件和提前取款费用也不在乎呢？答案很明显：人们希望有人阻止他们花钱。他们知道，如果自己拿着钱，钱就很可能会被花光。

出于同样的原因，人们通常将美国国税局作为圣诞银行俱乐部的替代选择：通过申报更少的薪水减税额，让美国国税局在一年里帮他们留下更多的钱。到第二年 4 月，他们会收获检查邮箱的快乐。这感觉就像白得了一笔钱——虽然是他们自己的钱，而且政府也得到了利息。尽管明知这一点，但当直觉告诉人们他们在一年中会把这些额外的钱花个精光的时候，他们还是会选择这条道路。他们宁愿把保护自己避免做出冲动决策的责任交给别人。

为什么人们不控制自己的行为，不享受掌控自己资本的机会？要搞明白圣诞银行俱乐部和美国国税局这种现象的流行，我们需要回到 3 000 年前，也就是伊萨卡国王和特洛伊战争英雄尤利西斯所处的年代。

特洛伊战争结束后，在返回家乡伊萨卡岛的漫长的海上航行中，尤利西斯意识到自己面前有一个艰巨的挑战。他的船将通过塞壬岛。在那里，美丽的塞壬女妖唱着歌曲，她的歌声诱人，以至能摧毁人类的思想。而听到这种歌声的水手都会朝狡猾的女妖驶去。于是，他们的船会撞上无情的礁石，船上的人都会被淹死。

尤利西斯想了一个计划。他知道听到歌声的时候，自己会像其他人一样无法抗拒，所以他想出了一个办法来处理未来的自我——不是当下理性的尤利西斯，而是未来疯狂的尤利西斯。他命令手下将他牢牢地捆在船的桅杆上，这样他就无法在歌声飘过船头时活动。然后，他又让手下用蜂蜡堵住他们的耳朵，这样他们就不会被塞壬女妖的歌声诱惑，或者听到他疯狂的命令。他向手下明确说明，他们不能回应他的请求，也不能释放他，直到船完全驶过塞壬岛。尤利西斯推测自己会尖叫、大喊、咒骂，试图逼迫手下走向那娇媚的女妖——他知道这个"未来的尤利西斯"无法做出正确的决定。因此，理性的尤利西斯以这样的方式，防止自己在经过塞壬岛时做出愚蠢的事情。这是当下的尤利西斯与未来的尤利西斯之间达成的协议。

这则神话强调了思维发展出关于短期思维和长期思维阵营互动方式的元知识。令人惊讶的是，思维可以与不同时间点的自己"谈判"。

想象一下，有人力劝你吃巧克力蛋糕。你的大脑的某些部分想要葡萄糖，其他部分则关心你的减肥食谱；某些部分考虑短期收益，另一些则考虑长期战略。当两者的斗争结果向你的情绪方向倾斜，于是你决定大快朵颐。但不是没有协议：你只有在保证第二天去健身房的情况下才会吃掉它。

这究竟是谁与谁在谈判？谈判中的双方不都是"你"吗？

约束你未来的自由的决定，就是哲学家口中的尤利西斯合约。举一个具体的例子，戒掉酒瘾的初始阶段的其中一步就是在大脑清醒时确保周围没有酒精。在紧张的工作日之后，或某个节日的周末，酒瘾的诱惑会变得过于强大。

人们每时每刻都会达成尤利西斯合约，这解释了默克尔·兰迪斯的圣诞银行俱乐部即时与长久的两方面成功。当人们在 4 月交出钱时，他们就是在行动上对 10 月的自己保持警惕，他们知道自己会被诱惑并把钱全花在满足当下私欲的事物上，而不是推迟到 12 月再花。

许多公司的安排都已经发展到了允许人们主动约束未来自我选择的地步。以某个网站为例，它通过与你的未来自我进行商业谈判来帮助你减肥。以下是它的运作方式：你支付 100 美元的押金，同时承诺自己会减掉 5 千克。如果在承诺的时间内做到了，你就能拿回所有的钱；如果你没有在规定时间内减掉体重，公司就会保留这笔钱。这个协议依赖于信用，而且很容易被欺瞒，但尽管如此，这些公司仍然在盈利。为什么？因为人们明白，在即将赢回自己的钱时，他们的情绪系统会越来越关注它，短期系统和长期系统会彼此对抗。①

尤利西斯合约经常出现在医疗决策的背景下。当一个身体健康的人签署预先医疗指示（advance medical directive），即在未来发生昏迷时放弃治疗，他就是在把当下的自己与未来可能的自我绑定在一份协议中，尽管这两个人（健康的和生病的）相当不同。

尤利西斯合约的一个有趣转折发生在别人介入进来为你做决定，并约束当下的你服从于你的未来自我时。这些情况通常出现在医院。当一个患者刚刚经历过创伤，他的生活发生了改变，如失去肢体或失去配偶，患者有时会宣称想死，可能会要求医生停止为他做透析或给他注射过量的吗啡。这样的案例通常

---

① 虽然这个系统有效，但我觉得有一种方法可以更好地将神经生物学与此商业模式相结合。在这个商业模式中，你的问题是减肥需要持续的努力，而不断接近的金钱损失的最后期限总是很遥远，直到清算的那一天突然降临。在依据神经系统进行优化的模式中，你每天会损失一点钱，直到你减了5千克。每一天，你失去的金额都将增加15%。所以你每天都会体验到金钱损失带来的直接情绪刺痛，并且这种刺痛在不断增强。当你减掉5千克时，你就不会再输钱了。这会激励你在这段时间持续地减肥。

会交给伦理委员会，而伦理委员会通常会做出不会让患者死的决定。因为在未来，患者最终会找到恢复情绪立足点的方法并重获幸福。伦理委员会只是作为一个理性的、长期系统的倡导者，认识到当下的情境使理智难以战胜情感。也就是说，伦理委员会其实是认为患者当下的神经系统所做的决策有失公平，需要进行干预来防止一方接管全局。好在我们有时可以从别人的冷静中获得帮助，就像尤利西斯依赖他的水手一样。经验法则是：**当你不能依靠自己的理性系统时，就借用别人的**。在这种情况下，患者借用伦理委员会成员的理性系统。伦理委员会可以更轻松地承担起保护未来的患者的责任，因为其成员不会听到患者所陷入的"情感塞壬"的歌声。

左右脑是合作关系，还是竞争关系

为了说明"政敌团队"的框架，我过分简化地将神经系统的解剖学结构划分为理性系统和情感系统，但我并非在说这是仅有的竞争派别。相反，它们只是一小部分竞争对手，在我们看到的各个地方，还有很多重叠的系统在相互竞争。

竞争系统最有趣的例子之一可以通过左脑和右脑这两个半球看到。大脑的两个半球看起来大致相似，并通过被称作胼胝体的密集纤维束相连。以前，没人猜测左半球和右半球形成了相互竞争的两个对手，直到 20 世纪 50 年代，一系列不同寻常的手术被实施之后，情况才有所改变。神经生物学家罗杰·斯佩里（Roger Sperry）和罗纳德·迈耶斯（Ronald Meyers）在一些实验性质的手术中切断了猫和猴子的胼胝体。发生了什么变化？没有任何变化。动物们的行为正常，好像连接两个半球的大量纤维束没有多大用处。

由于这一成功，1961 年，裂脑手术首先在人类癫痫病患者身上被实施了。对他们来说，防止癫痫症状从一侧脑半球扩散到另一侧脑半球的手术是最后的希望。手术效果很好，一个曾经因饱受癫痫病折磨而身体衰弱的人之后可以过上正常的生活。即使大脑的两个半球分开了，患者似乎也没有什么异样。他可以正常地记住事件，也可以毫无困难地学习新东西。他可以爱，可以笑，可以跳舞，活得很开心。

但是奇怪的事情发生了。如果只向一侧半球传递信息，而另外一半没有收到信息，那么一侧半球可以学到一些东西，而另一半则不会。就好像这个人有两个独立的大脑。患者可以同时做不同的任务，而这是正常大脑无法做到的。例如，每只手拿一支铅笔，裂脑患者可以同时画出不相容的图形，例如圆圈和三角形。

还有很多其他例子。大脑控制运动的主要神经线路左右交叉，使右半球控制左手，左半球控制右手。这个事实使得一个非凡的例子得以呈现。想象一下"苹果"这个词在左半球闪过，而"铅笔"这个词同时闪过右半球。当一个裂脑患者被要求拿起他刚刚看到的物品时，其右手拿起苹果的同时，左手将拿起铅笔。两个半球现在各行其是，彼此断绝联系了。

随着时间的推移，研究人员逐渐意识到，这两个半球有一些不同的特性和技能，包括抽象思考、创造故事、得出推论、确定记忆的来源，以及在赌博游戏中做出更好的选择的能力。罗杰·斯佩里作为开创了裂脑研究并因此获得诺贝尔生理学或医学奖的神经生物学家，把大脑理解为"两个意识知觉的独立领域；两个感知、感觉、思考和记忆的系统"。这两个半球组成了一对竞争对手：有着相同的目标，但实现目标的方式略有不同。

1976 年，美国心理学家朱利安·杰尼斯（Julian Jaynes）提出，直到公元前第二个千年末期，人类都没有内省意识，相反，他们的思想基本上分为两个部分，而且是左半球听从来自右半球的命令。这些命令以幻听的形式被解释为来自神明的声音。杰尼斯认为，大约 3 000 年前，左右半球间劳动的分工开始瓦解。随着两个半球间的沟通越来越顺利，内省等认知过程才得到发展。他认为，意识起源于两个半球一起探讨问题并找出其分歧的时刻。还没有人知道杰尼斯的理论是否站得住脚，但这个提议太有趣了，不容忽视。

大脑的两个半球在解剖学上看起来几乎完全相同。就好像你在头骨的两侧配备了相同的大脑基本模型，以略有不同的方式从世界吸取数据，但基本上像用同一张蓝图印制出来两份复本。没有什么比这更适合组成一对竞争对手的了。通过一种被称为"半球切除术"①的手术证明，左右两个半球是同一蓝本的两份复本。令人惊讶的是，手术只要在孩子大约 8 岁之前进行，孩子就不会出现问题。再说一遍：孩子只剩下一半的大脑，同样活得很好。他可以吃东西、读书、说话、做数学题、交朋友、下棋、爱他的父母，以及做到其他有两个半球的孩子可以做到的任何事情。请注意，不是任意移除大脑的一半：你不能指望在切除大脑的前半部分或后半部分后还能活下来。但右半部分和左半部分却像是彼此的副本，拿走一个仍然有另一个，而且它们的功能大致相同。

我在开始时展示了理性系统和情绪系统的例子，以及由裂脑手术揭露的"一脑两派"现象。但是大脑中的竞争要比到目前为止我所介绍的多得多，也微妙得多。大脑充满了拥有重合领域的子系统，它们执行同样的任务。

以记忆为例。大自然似乎多次发明了储存记忆的机制。例如，在正常情况下，你对日常事件的记忆通过海马体得到增强（"巩固"）。但在感到害怕的情况下，例如遇到车祸或抢劫，这些事件也沿着一个独立的第二个记忆轨道在另一个区域储存，即杏仁核留下了记忆。杏仁核记忆的质量很不同：它们难以擦除，可以像闪光灯一样闪回，就像通常由强奸受害者和退伍军人描述的给自己造成心理阴影的事件那样。也就是说，记忆的方式不止一种。我们不是在说关于不同事件的记忆，而是在说关于同一事件的多种记忆。就像两位不同性格的记者，正在记录关于一个正在展开的故事的笔记。

我们看到，大脑中的不同派别可以参与同一项任务，它们都记录下了信

---

① 切除一半大脑，通常用于治疗由拉斯姆森脑炎引起的难治性癫痫。

息，然后相互竞争来"讲故事"。因此，对记忆是一体的断言仅是一种幻觉。

再举一个关于重合领域的例子。科学家一直都在争论大脑是如何检测运动的。从神经系统中构建运动检测器有很多理论方法，科学论文提出了种种相距甚远的模型，比如涉及神经元间的连接或神经元的树突，有的甚至包含大量神经元的参与。其中的具体细节不是很重要，重要的是这些不同的理论引起了学术界数十年的争论。由于提出的模型太微观而不能直接被测量，研究人员设计了精巧的实验来支持或反驳各种理论。有趣的是，大多数实验都没有结果。某种模型在某些实验室条件下可行，但在其他条件下不可行。这就导致对于"视觉系统探测运动有多种方式"这一点，认可的意见会越来越多（当然，某些人并不同意这一点）。大脑的不同部位会实施不同的策略。和记忆一样，大脑进化出了多种且冗余的解决问题的方法。神经的不同派系经常能够就世界上存在什么达成一致，但并非总是如此，这就为"神经民主"提供了完美的基础。

我想强调的是，生物体很少满足于一种解决方案。相反，它们倾向于不断重塑解决方案。但为什么要无休止地创新？为什么不在找到一个好的解决方案后转向其他问题？与人工智能实验室不同，自然实验室里没有主程序员。在人工智能实验室里，每个子程序一写好，人类程序员就会对其进行检查。一旦某个模块的程序被编码并调试完善，人类程序员就会转而进行下一项重要的工作。我认为，这种"转向下一项工作"的工作方式正是使人工智能研究陷入困境的主要原因。与人工智能相比，生物智能采取了不同的方法：当一个探测运动的生物回路被偶然发现，没有一个主程序员可以向生物体报告，所以随机的突变会继续不断创造回路的新变化，以意想不到的创造的新方式解决探测运动的问题。

这一观点提出了一种看待大脑的新方式。大多数神经科学论文都在寻求其研究的脑功能的唯一答案，但这种方法可能会对人产生误导。如果一个外星人降落在地球上并发现了一只可以爬树的动物（比如猴子），外星人会轻率地得出"猴子是唯一拥有爬树技能的动物"的结论。如果外星人继续寻找，很快它会发现，蚂蚁、松鼠和美洲虎也会爬树。这与生物学中的巧妙机制一致：当我们继续寻找时会发现更多。生物学从不为了检查一个问题而停止，它会不断重塑解决方案。该方法的最终产物是一个高度重叠的解决方案系统，而这也是形成一个"政敌团队"架构的必要条件。

大脑真能分成不同功能的区域吗

一个团队的成员之间可能常常意见不合，但这不是必然的。大多数时候，一个团队中的竞争者乐意享受一种自然的和谐关系。这能保证团队在部分系统受到破坏时仍能保持稳健性。

让我们来思考一个关于"消失的政党"的思想实验，不妨把这当作脑损伤的类比。想象某个团体的关键决策者在一场飞机事故中全部丧生了。在这种情况下，多数时候，这个团体的消失会使来自对立团体的相反观点崭露头角，就像如果前额叶受损，会导致类似于行窃或当众排泄等一系列不端行为的发生。但是另一种情况或许更加普遍，即那个团体的消失没有被注意到，因为其他团体在某些问题上和他们的观点大体一致。这就是一个稳健的生物系统的标志——有些团体或许会在一起悲惨的事故中丧生，但社会依旧运行良好，当然，有时会伴随着一些系统上的小问题。就像在一些离奇的临床案例中，脑损伤引起了患者知觉或行为上的奇怪变化，但在绝大多数案例中，部分脑损伤并不会引发明显的临床症状。

这种某些功能相互重叠的优势在"认知储备"这种新发现的现象中得以显现。许多人死后通过被解剖才被发现患有阿尔茨海默病，但他们在生前从未表现出相关的症状。这是怎么回事？答案是这些人通过积极投身于自己的工作、做填字游戏或者参与能使自己的神经系统得到充分锻炼的其他活动，来不断锻炼自己衰老的大脑。而保持头脑运转灵活的结果是，患者构建起了一种被神经心理学家称作"认知储备"的机能。这并不是说认知功能得到充分锻炼的人不会得阿尔茨海默病，而是说他们的大脑有对抗相应症状的保护手段，甚至即使他们的部分大脑功能退化，身体也有其他的解决方法。他们的身体不会因为墨守单一的解决方法而受到阻碍，相反，多亏了那些找寻和构建多余策略的时间，他们拥有替补方案。即使当部分神经元彻底退化之后，这部分神经元所起到的功能也不会丧失。

认知储备，或者笼统地叫稳健性，是通过用多种类似的解决方案来解决一个问题实现的。打一个比方，如果一位能工巧匠的工具箱里有很多工具，那么丢失一把锤子并不会终结他的事业。因为他可以把撬棍或管钳平的一面当锤子用。但如果一位工匠只有为数不多的几种工具，那他的处境就会更加糟糕一些。

这种多余策略的奥秘能够帮助我们明白过去一些奇异的临床现象。想象一位患者，他的初级视觉皮质的一大块区域遭到了损伤，他有一侧眼睛是看不见的。这时，你作为实验员，拿着一块几何形状的硬纸板，举到他看不见的一侧，然后问他："你看见了什么？"

他说："我不知道，我视野的那个部分什么也没有。"

你回答："我知道，但是猜一下吧。你觉得是圆形、正方形还是三角形？"

他说："我真的猜不出来，我什么都看不到，这是我的视野盲区。"

你又说："我知道，就猜一下吧。"

最后，带着一丝丝不愉快，他猜是三角形。他猜对了，而且正确率要高于随机猜测的正确率。即使看不见，他也仍旧能获得一种感觉，这说明在他的脑内仍旧有什么东西可以看见，而这并不是基于视觉皮质的他能够意识到的部分。这种现象被称为"盲视"，它告诉我们，当可以意识到的视觉受到了损伤，皮质下仍旧有不被意识到的工作单元继续行使它们的职责。所以移除大脑的一部分（在这个案例中是皮质）揭示出一些并非完全一样却执行相同功能的底层结构。从神经解剖学来看，这并不令人惊讶，毕竟即使爬行动物没有皮质，它们也能看到物体。它们的视力虽不如人类的，但依旧可以看见东西。

现在让我们思考一下，比起传统观点，这种"政敌团队"框架为我们理解大脑提供了怎样一条不同的思路。许多人倾向于假设大脑被完美地分成数个区域，这些区域分别掌控记忆编码、语言、面部识别、公司经营、颜色识别、肢体控制、实用工具和宗教信仰等。而这是 19 世纪一门叫作颅相学的学科一直希望的。在这门学科中，头骨上不同位置的突起被认为能够传达它所在位置下面的那个区域的脑组织中的信息。这种观点认为，大脑上的每一个地方都有一个功能地图上的专属标签。

但是生物学中几乎没有证据能证明这种观点是对的。"政敌团队"的框架向我们展示了一种全新的模型，在这种模型中，大脑拥有多种方式来呈现同一种刺激。这种观点同时也宣告了早期那种"大脑可以被分成不同区域，每个区域拥有自己的功能"的观点的终结。

值得注意的是，通过最新技术，用神经影像方法可以将大脑可视化，颅相学的风潮似乎悄悄地回到了人们的视线中。科学家或门外汉都会发现，自己难以抵制想要把大脑按照功能分区的诱惑。或许因为诸如"人们喜欢简单易懂的新闻"等原因，源源不断的媒体报告甚至科学论文营造出了一种假象，即大脑掌管某种功能的分区已被证实了。诸如此类的消息满足了人们可以按照功能把大脑各个区域简单地贴上标签的愿望，但真实的情况比这有趣得多：错综复杂的神经元网络运用多种多样的、相互独立的策略来完成它们的功能。大脑很好地接受了外部复杂的世界，但没有能够清晰地完成分工。

斯特鲁普干扰：大脑中存在哪些未知的冲突

在一部邪典电影《鬼玩人2》（*Evil Dead 2*）中，主人公的右手突然有了自己的想法并且试图去杀死主人公。

这种荒谬的情节在现实中其实是存在的，而且真的存在一种类似的病。这种病叫作异己手综合征（alien hand syndrome，AHS），虽然不像电影里演的那样神乎其神，但大致是一样的。异己手综合征产生于我们之前所讨论过的裂脑手术。患有这种病的患者的两只手有着相互冲突的行为取向。例如，患者"拥有自己想法的"那只手或许会拿饼干放进嘴里，但功能正常的那只手会扣住那只手的手腕来阻止它。一场争斗就此产生。或者一只手要去拿报纸，另一只手把它拍回去；又或者一只手向上拉拉链，另一只手则要往下拉。一些患有异己手综合征的患者发现：高呼"住手"能够使另一个脑半球和那只不听话的手停下。但是除此之外，那只手仍然在按照一套我们察觉不到的程序行事，这也是为什么它被称作"有自己的想法"——患者的意识无法预测它要干什么；它根本不觉得自己是患者的一部分。这种处境下的患者经常说的一句话就是："我发誓我并不想这样做。"

这再次回到了本书的一个主要问题：我是谁？是患者的大脑在做那些事情，不是其他人的大脑在指挥，只是他没有办法感知到那些正在他脑中进行的事情。

异己手综合征告诉了我们什么呢？它揭示了一个事实，即我们身体里存在机械的、"外星人"一般的子程序。我们无法了解它们，也无法认识它们。从当众演讲到拿起咖啡，我们的绝大多数动作都是由这个"外星人"在操控，或者可以称其为"僵尸系统"。实际上，"僵尸"和"外星人"是一样的，"僵尸"的说法强调的是我们不能意识到它的存在，"外星人"则更强调我们对它感到陌生。这样的一些子程序的存在是一种本能反应，而另一些则是经过学习获得的，我们在前文中认识到的所有那些高度自动化的算法（发球、辨别小鸡性别等）都变成了大脑系统中的僵尸程序。当一名职业棒球运动员用球棒击打一个速度快到他根本无法注意到的球时，他脑中历经磨炼的"外星人"就在紧锣密鼓地工作着。

通过异己手综合征我们了解到，在正常情况下，所有的这些自动化程序都是受到严格控制的，在某个时刻只有一种行为可以输出。那只不听话的手让我们了解到大脑调和这些程序之间的矛盾的过程。只要大脑出现一丁点儿损伤，我们就能了解到意识层面之下所发生的事情。换句话说，**保持子系统意志的统一不是大脑毫不费力就能完成的，它其实是一个主动出击的过程**。只有当各"派系"开始脱离统一体时，各部分之间的陌生感才凸显出来。

斯特鲁普测验（Stroop test）为这种矛盾提供了一个很好的例子。测试任务相当简单：说出某个词的颜色。例如，如果我向你展示用蓝色墨水写的"正义"一词，你会说"蓝色"；向你展示用黄色墨水写的"打印机"一词，你会轻松地说出"黄色"。这再简单不过了。但如果给你展示的词本身就是一种颜色的名称，那就会发生有意思的事情了。例如，向你展示用绿色的墨水写的"蓝色"这个词时，你的反应就没有那么迅速了。你可能会脱口而出："蓝色！"或者可能会思考一下，然后说："绿色！"无论哪种方式，你的反应都要慢得多，这背后隐藏的是发生在你脑内程序之间的冲突。这种被称作斯特鲁普干扰（Stroop interference）的现象揭示了两者的冲突：一个是强烈的、不由自主想要读出词语的自发冲动，另一个是不寻常的、需要考虑才能说出字的颜色的困难任务。

还记得第 3 章中的内隐联想测试吗？它试图探索是否有出自无意识的种

族主义的存在。这个测试的核心在于，当被要求把自己不喜欢的东西和一个积极的词（比如幸福）联系起来时，人们会需要较长的反应时间。就像斯特鲁普测验一样，这时大脑深层的系统之间存在不为人知的冲突。

解释器：大脑编故事是一种自我保护吗

我们不仅运行着"外星人"子程序，同时也在使它们的行为合理化。我们有办法回顾自己的行为，就好像这些行为一直是我们的想法一样。还记得本书开头的那个例子吗？我提到，当冒出来一个点子时，我们常常以此为傲，认为"我有一个好主意！"尽管大脑在很长一段时间里一直在"咀嚼"这个特定的问题，最后才展示出最终的"产品"，但我们依旧引以为傲。而我们通过不断地编造和讲故事来解释意识层面下运行的那些"外星人"的工作。

为了揭示这种故事是编造出来的，下面我们来看一下另一个裂脑患者的实验。正如我们之前知道的，右半球和左半球是相似的，但不是完全相同的。对人类而言，左半球（包含了大部分语言能力）可以谈论它的感觉，而沉默的右半球只能通过命令左手指向、接触或书写来传达它的思想。这个事实为一个关于回顾性的实验打开了一扇门。

1978 年，研究人员迈克尔·加扎尼加（Michael Gazzaniga）① 和约瑟夫·勒杜克斯（Joseph LeDoux）向一位裂脑患者的左半球展示了一张鸡爪的图片，向他的大脑右半球展示了一张雪铲的图片。然后，患者被要求用卡片来表示他刚刚看到的东西。他的右手指向一张有鸡的卡片，左手则指向一张有雪铲的卡片。接着两位研究人员问患者为什么要指着雪铲。回想一下，他的大

---

① 迈克尔·加扎尼加是当代伟大的思想家、认知神经科学之父，其有关大脑与意识奥秘研究的著作《双脑记》《谁说了算？》中文简体字版已由湛庐引进并策划，现已分别由北京联合出版公司、浙江人民出版社出版。——编者注

脑左半球（具有语言能力）只知道一只鸡的信息，除此之外别无其他。但是左半球立刻编造了一个故事："哦，这很简单。鸡爪是和鸡相关的，而雪铲是你可以用来把鸡舍清理干净的工具。"

当大脑的某一部分做出选择时，其他部分就可以迅速地编造一个故事来解释原因。如果你向右半球（不负责语言功能）显示指令，患者就会站起来开始行走。如果你阻止他，问他为什么要离开，他的左半球会编造一个答案，比如"我要去喝点儿水"。

这个实验让迈克尔·加扎尼加和约瑟夫·勒杜克斯得出结论：大脑左半球扮演着"翻译"的角色，它负责观察身体的动作和行为，并为这些事件安排一个连贯的叙述。他们把大脑左半球的这一处理过程称为"解释器"。即使在正常的、完整的大脑中，大脑左半球也是这样运作的。隐藏的程序指挥身体行动，而大脑左半球则给出行为的理由。

这种回顾故事的现象表明，我们通过观察自己的行为来推断自己的态度和情绪，至少在一定程度上是这样的。正如加扎尼加所言："这些发现都表明左半球的解释机制总是在努力工作，寻找事件的意义。它总是在寻找秩序和理性，即使根本不存在——而这会导致它不断地犯错。"

这种编造故事的现象并不局限于裂脑患者。大脑也会解释你的身体行为，并围绕它们编造一个故事。心理学家发现，如果你在读东西的时候牙齿间咬着一支铅笔，你会认为阅读材料更有趣，这是脸上的微笑导致的结果。如果你坐直而不是无精打采地坐着，你会感到更快乐。大脑会假设，如果嘴和脊柱这样做，那一定是因为你很快乐。

1974 年 12 月 31 日，美国最高法院大法官威廉·道格拉斯因脑卒中而病倒，左半身瘫痪，只能坐在轮椅上。但是，道格拉斯法官要求出院，理由是他的健康状况很好。他宣称，有关他瘫痪的报道纯属虚构。当记者表达怀疑的时候，他公开邀请他们和他一起远足，这看上去实在是太荒谬了。他甚至声称自己用瘫痪的一侧身体将足球踢进了球门。由于这种明显的妄想行为，道格拉斯被勒令从最高法院退休了。

　　道格拉斯所经历的是病感失认症（anosognosia）。患有此病的患者完全缺乏对疾病损伤的认识，就像道格拉斯完全否认其明显的瘫痪一样。这并不是说道格拉斯在撒谎，实际上，他的大脑相信他可以自由行动。这些编造出来的事情为我们展示了大脑为了做出连贯、合理的解释所能努力的极限。

　　当被要求把两只手放在一个想象的方向盘上时，一个部分瘫痪的患者只会伸出一只手，并不能伸出另一只手。当被问到双手是否在方向盘上时，他们会说“是”。当患者被要求拍自己的手时，他们可能只会动一只手。如果被问到：“拍手了吗”，他们会说“拍了”。如果你说自己没有听到任何声音，并要求他们再做一次，他们可能根本就不会这么做；当被问到为什么时，他们会说不喜欢。与此类似，正如第 2 章所提到的，失明的人仍然可能声称自己能很好地看到东西，即使他在房间里自由行走时会撞到家具。他的借口可能是平衡感不好、椅子放在了不熟悉的位置等，但他始终否认自己失明。对病感失认症的认识重点是患者没有说谎，他们既不是为了恶作剧，也不是为了避免尴尬。相反，他们的大脑正在编造一些理由，来提供一个连贯的叙述，以解释他们受损的身体正在经历什么。

　　但是，难道与想法相矛盾的事实没有提醒这些人任何东西吗？毕竟，患者想要移动他的手，但它没有动；他想鼓掌，但没有听到任何声音。事实证明，我们处理矛盾信息的系统依赖于特定的大脑区域，尤其是一个叫作前扣带回皮质（anterior cingulate cortex）的区域。由于这些冲突监测区域的存在，不相容的思想最终会演化为一方或另一方胜出。在这种情况下，某个故事将会被构建出来，要么使矛盾的信息都被兼容，要么忽略产生矛盾的某一方。在特殊的脑损伤的情况下，这个仲裁系统会被破坏，你也意识不到矛盾的信息有何不妥。我们用一位 G 女士的案例来说明这个问题。

由于脑卒中，G 女士的脑组织遭受了相当大的损害。在我遇见她的时候，她正在康复中，看起来身体很好，精神也很好。我的同事卡迪克·萨尔马（Karthik Sarma）博士在前一晚注意到，当他让 G 女士闭上眼睛时，她只会闭一只眼睛，而不会闭上另一只。所以我和他又仔细为 G 女士检查了一下。

当我要求她闭上眼睛时，她说"好的"。然后一瞬间的工夫她就闭上了一只眼睛。

"你的眼睛闭上了吗？"我问道。

"闭上了。"她说。

"两只眼睛都闭上了吗？"

"都闭上了。"

我举起 3 根手指，问道："G 女士，这是几根手指？"

"3 根。"她答道。

"然而你的眼睛还是闭上的。"

"是的。"

我又用一种委婉的方式问道："那你是怎么知道我举的手指是多少根呢？"

接着是一段耐人寻味的沉默。

如果大脑的活动可以被听见的话，那么我们将会听见大脑的不同区域"吵"得不可开交。那些主张 G 女士的眼睛已经闭上的脑内团体会被那些更注重逻辑的团体找上门：难道你们不知道我们不可能同时"闭上眼睛"和"看到东西"吗？通常情况下，那些主张更加合理的团体会胜出，但是这在病感失认症患者的脑内并不总能发生。患者们不会说些什么，也无法总结出什么，不是因为感到尴尬，而只是因为其被困在这个问题中了。大脑里争斗的双方都对该问题感到疲劳，而最初的问题最终被抛弃了。患者不会对这种情况做出任何结论。这是一种令人惊讶而又不安的情况。

我突然萌生了一个想法。

我把 G 女士推到房间里唯一的镜子前，问她是否能看到自己的脸。

她说："是的。"

然后我让她闭上眼睛，她又一次只闭上了一只眼睛。

"你的两只眼睛都闭上了吗？"

"是的。"

"你能看见自己吗？"

"是的。"

接着我温和地问道："如果你的两只眼睛都闭上了的话，你有可能看到镜中的自己吗？"

又是一段沉默。没有回应。

"你看看自己是只闭上了一只眼睛，还是两只眼睛都闭上了呢？"

仍然没有回应。

这些问题并没有让她感到不快，也没有改变她的观点。在一个正常人的大脑里，这会是一次明显的失误；而在她的大脑里，这只是一个会很快被遗忘的游戏。

像 G 女士这样的案例让我们能够看到，僵尸系统在幕后需要进行大量工作，以便大脑能够顺利地运转而不发生错误。保持大脑各部分的团结，并创建一个通顺的故事并非不需要代价，大脑昼夜不停地为我们的日常生活拼凑出符合逻辑的解释：刚刚发生了什么？我在其中扮演了什么角色？编造故事是大脑参与的关键业务之一，它这样做的目的是让脑内这种多层次的"民主"变得能够被理解。

一旦你学会骑自行车，你的大脑就不再需要去编造"肌肉正在干什么"的故事，而且你的意识甚至什么都感觉不到。因为所有的事情全都在预料之中，所以没有什么故事可讲。当你在骑车的时候，可以自由地想其他的事情。只有在脑内信息发生矛盾或者难以理解的时候，我们大脑的讲故事能力才会发挥作用，比如裂脑或病感失认症患者的大脑。

20世纪90年代中期，我和同事里德·蒙塔古一同开展了一项实验，以更好地理解人做出简单决定的方式。我们让被试从屏幕上显示的两张卡片中选择一张，其中一张标号为A，另一张标号为B。被试不知道哪一张是更好的选择，所以刚开始他们选得很随意。选择卡片后，他们会获得介于一美分与一美元之间的奖励。之后卡片会被重置，他们要再次进行选择。这一次，即使他们选择了同样的卡片，奖励也会有所不同。卡片和奖励之间似乎存在一定的规律，但很难被发现。被试不知道的是，每一轮的奖励都是基于一个公式，这个公式包含了他们之前所有的选择，这对大脑来说是很难被发现和分析的。

有趣的部分是我后来采访了这些被试，我问他们在电脑上的赌博游戏中做了什么，以及他们为什么那么做。我惊讶地听到了各种各样复杂的解释，比如"电脑喜欢我来回切换""电脑试图惩罚我，所以我改变了游戏策略"等。事实上，玩家对自己策略的描述与他们实际所做的并不相符，结果证明后者是高度可预测的。他们也没有准确地描述电脑的行为，因为电脑的行为是纯粹公式化的。相反，玩家有意识的头脑在无法将任务分配到运转良好的僵尸系统中时，会拼命地寻找一种解释。被试没有说谎，他们给出了力所能及的最好的解释，就像裂脑患者或患有病感失认症的患者。

大脑在不断地寻找规律。心理学家迈克尔·舍默（Michael Shermer）提出了一个术语，思维总是偏向"原型存在性"，即思维试图在无意义的数据中找到结构。**进化倾向于寻找规律，因为这样可以通过减少一些未知谜团来提高神经系统的运行效率。**

举个例子，加拿大的研究人员向被试展示了一种随机闪烁的光，并让他们选择按下两个按钮中的一个以及选择按下按钮的时间，以使光闪烁得更有规律。被试尝试依照不同的模式按下按钮，最终光线变得有规律了起来。他们确实成功了！随后，研究人员问他们是怎么做到的。被试对他们所做的事情进行了叙述式的解释，但事实上，他们按下的按钮与光的闪烁完全无关：不管他们做什么，闪烁都会趋向于规律性。

大脑在面对令人困惑的数据时编造故事的另一个例子是梦：它似乎是对夜间大脑脑卒中暴一样的电信号活动的解释。神经科学文献中一个知名的模型认为，梦的情节是由本质上随机的活动组合成的，也就是脑中的神经群放电。这些信号会让人感受到身处购物中心之中，或者感受到对爱人的一瞥，或者有一种坠落的感觉，又或者有一种顿悟的感觉。所有这些时刻都被动态地编织进了一个故事当中，这就是为什么在一个晚上的随机活动之后，你醒了过来，转向你的爱人，感觉似乎想到过一个和他（她）有关的奇异的情节。

当我还是个孩子的时候，我一直惊讶于梦中的角色怎么能拥有如此特别和古怪的细节，怎么能如此快速地回答我的问题，怎么能说出奇怪的对话或提出具有创造性的建议，而这其中大部分事情我根本没有想到过。有时候，我在梦中会听到一则新的笑话，这给我留下了深刻的印象。我之所以印象深刻，不是因为在我清醒的时候觉得这则笑话很好笑，事实上它并不好笑，而是因为这则笑话是我认为自己不可能想到的。但是至少可以推测，是我的大脑编造了这些有趣的情节。像裂脑患者或道格拉斯身上所发生的事情一样，梦的存在说明我们有根据随机的线索编造故事的能力。即使面对完全杂乱的数据，大脑也非常善于维护组织的凝聚力。

为什么我们会有意识

很多神经科学家研究动物的行为，并以此作为对人的行为的参照：海蛞蝓在受到触碰时如何收缩、老鼠如何对奖赏做出反应、猫头鹰如何在黑暗中定位

135

声音的来源等。随着这些神经回路被科学研究揭露，我们发现，它们更像是对特定输入做出适当输出反应的"僵尸系统"。如果我们的大脑仅由这些回路组成，为什么我们感觉自身是活着的，并且有意识，而不是像僵尸一样什么都感受不到呢？

10 多年前，神经科学家弗朗西斯·克里克（Francis Crick）和克里斯托弗·科赫（Christof Koch）提出一个问题："为什么我们的大脑不是由一系列具有特定功能的僵尸系统构成的呢？"换句话说，为什么我们会有意识？或者说为什么我们不是大量自动化且事先刻录好的解决问题的流程的单纯集合呢？

弗朗西斯·克里克和克里斯托弗·科赫对此的解答，就像我在前几章中说的一样，是意识在进行控制，并且为自动化的"僵尸系统"分配任务。**一个达到一定复杂程度的、由众多自动子程序组成的系统（人脑肯定可以算得上），需要一个高级机制来允许部件进行通信、资源分配和控制分配。**正如网球运动员试图学习如何发球一样，意识就像是"首席执行官"，设定了更高级别的目标并分配新的任务。我们在本章中已经了解到，意识既不需要了解组织中每个部门使用的软件，也不需要查看详细的日志和销售收据，只需知道何时可以找谁解决问题即可。

只要僵尸系统的子程序运行顺利，意识就可以一直休息。只有在出现问题时，"部门"才会通知意识，即只有在事情违背期望的时候，意识知觉才会上线。当一切都符合僵尸系统的需求并在它的能力范围内运行时，你经常意识不到正在处理的大部分东西；只有当僵尸系统突然无法处理任务时，你才会意识到。这时意识集中精力寻找快速的解决方案，并四处求救以找到能够最好地解决问题的"人"。

对此，科学家杰夫·霍金斯（Jeff Hawkins）提供了一个很好的例子：有一天他进家门后，发现自己没有意识地伸出手、抓住门把手，然后扭动门把手。对他而言，这是一种完全机械化的、无意识的行为，因为关于这一系列动作的一切，比如门把手的触感和位置、门的大小和重量等，都已经被刻录在他大脑无意识的回路上。这一过程是预料之中的，所以不需要意识的参与。但是，如果他发现有人偷偷溜进房间，卸下了门把手，再将它装回到右边 3 厘米的地方，他就会马上注意到。也就是说，在预期被颠覆的瞬间，意识就会上线。这时，意识会"振作"起来，打开"警报"，并试图理解可能发生的事情以及接下来应该做什么。

如果你认为自己在有意识地了解身边的大部分事物，那么请再想一想，不要过早下定论。第一次开车到新公司上班时，你会注意到路上的很多东西，甚至感到车程似乎很长。但当你开车经过几次后，你可以在没有太多思考的情况下到达公司，因为你可以在路上自由地思考其他事情。

你的僵尸系统是处理日常事务的专家。只有当在路上看到一只松鼠、一个缺失的停车标志或一辆仰翻的车时，你才会有意识地注意到周围的环境。

所有这一切都与前面所讲的一致：当第一次玩新的视频游戏时，人们的大脑会活跃起来，疯狂地燃烧能量；随着人们在游戏中变得熟练，大脑的活动就会越来越少，大脑变得更加节能。如果你观察一个人的大脑活动，发现它在任务中积极性很低，这并不一定意味着这个人没有尝试，而更可能是因为他过去为了把程序刻录到回路中付出了太多努力。意识在第一阶段的学习中被调用，在整个流程被刻录在系统深处后退出。经过上述意识的参与，熟悉一款新电子游戏的玩法慢慢就变成像驾驶汽车、发表演讲或系鞋带一样的无意识过程了。完成这些行为的过程成了隐藏的子程序，它们由蛋白质和神经化学物质编写而成，然后潜伏起来，有时要等几十年，直到下一次被触发。

从进化的角度来看，意识之所以存在，似乎是因为由巨大的僵尸系统集合组成的动物是经济型的，但在认知上是不灵活的。经济型的动物拥有执行特定简单任务的经济型程序，但无法在程序之间快速切换或设置目标，不能成为解决新异问题的专家。在动物王国中，大多数动物都能很好地做某些事情，而只有如人类这样的少数物种具有动态开发新软件的灵活性。

虽然具有灵活的能力听上去很好，但它不是白白得来的，其代价是漫长的育儿期。要成为一个灵活的成年人，人类需要度过多年无助的婴儿期。人类母亲通常一次只生一个孩子，并且要经过一段其他动物从未有过的、对其他动物来说不切实际的护理期。相比之下，只运行一些非常简单的子程序的动物，例如"吃像是食物的东西，远离模糊的物体"，采用不同的生育策略，即"尽量多生，期待最优"。由于缺乏编写新程序的能力，它们唯一可利用的原则是：如果不能在思想上超越对手，就在数量上胜过它们。

其他动物有意识吗？科学界目前还没有确定通过测量来解答这一问题的方式，但我有两个想法。首先，意识可能不是"全或无"性质的，而是分为不同等级的；其次，我认为动物的意识能力等级与它们的智力灵活性相匹配。动物拥有的子程序越多，就越需要意识来领导组织。意识能保持子程序的统一，它是僵尸系统的守护者。打个比方，小公司不需要年薪 300 万的首席执行官，但大公司需要。而两家公司的首席执行官唯一不同的就是，他们所监测、分配和管理的员工的数量。

如果把一个红色的蛋放在鲱鸥的巢里，它就会发狂。红色触发了鸟类的侵略性，而蛋的形状诱发了孵化行为。因此，它既想攻击蛋，同时又想孵化它。而同时运行两个程序的效果并不理想。红色的蛋同时触发了守卫程序和攻击程序，两者就像交战的诸侯一样在鲱鸥的大脑中发生着冲突。竞争是存在的，但这只鸟没有能力进行仲裁，以达到使竞争的双方顺利合作的目的。同样，如果雌棘鱼侵入雄棘鱼的领地，雄棘鱼将会同时表现出攻击行为和求爱行为，而这样是无法搞定雌棘鱼的。可怜的雄棘鱼像被僵尸系统捆绑一样，悲哀的是，它的子程序没有找到任何仲裁方法。在我看来，这说明鲱鸥和棘鱼并没有意识。

我认为，一个有用的意识标志可以定义为：成功调解僵尸系统间冲突的能力。动物越是接近于遗传的"输入－输出"子程序的集合，就越少显示出有意识的迹象；而动物越能够协调、延迟满足、学习新程序，就越有意识。如果这种观点是正确的，未来将会有一系列测试被用来粗略衡量一个物种的意识程度。回想一下我们在本章开头提到的那只迷茫的老鼠，它被困在"冲向食物"与"躲避惊吓"的本能之间，徘徊不定。我们都知道犹豫不决的时刻是什么样的，但我们在程序之间的仲裁能力使自我能够摆脱这些难题并做出决定。我们很快就会找到一种哄骗或鞭挞自己的方式来实现其中的一个目的。我们的意识非常精明，足以让我们摆脱一些简单的困境，而这种困境对可怜的老鼠来说是彻底的阻碍。这可能是我们整个神经功能中只占一小部分的有意识的思维的"发光"方式。

为什么保守秘密不利于大脑健康

回过头来，看看意识是如何让我们以一种新的方式看待大脑的。也就是说，"政敌团队"框架如何让我们解决那些从传统计算机编程或人工智能的角度难以理解的谜团。

以秘密为例。大家可能不知道一个重要的事实：保守秘密不利于大脑健康。心理学家詹姆斯·彭纳贝克（James Pennebaker）及其同事对一些强奸和乱伦的受害者进行了研究——他们出于羞耻或内疚，选择将这段受害经历当作秘密隐藏起来。经过多年的研究，詹姆斯·彭纳贝克得出结论："不与他人讨论或不向他人倾诉这一事件的行为可能比经历受害事件本身更具危害性。"詹姆斯·彭纳贝克和他的团队发现，当被试坦白或写下他们深深隐瞒的秘密后，他们的健康状况得到了改善，就诊次数减少了，压力激素水平也出现了明显的下降。

这一结果非常清楚，但几年前，我开始问自己：如何从脑科学的角度理解这些发现？这指向了科学文献中没有给出解答的问题：从神经生物学的角度来讲，何为秘密？想象一下，如果人工构建一个由数百万互相连通的神经元组成的神经网络，秘密会是怎样的？烤面包机与其相连接的部件之间是否有秘密？我们拥有有效的科学框架来解释帕金森病、色觉和温度感觉，但无法理解大脑拥有和保守秘密的意义。

在"政敌团队"的框架内，秘密很容易被理解：它是大脑中竞争对手之间斗争的结果。大脑的一部分想要揭示某些东西，另一部分则不想。当大脑在进行竞争性投票时，由于一方揭露，一方保守，秘密因此诞生。如果没有人关心是否讲出来，这就只是一个无聊的事实罢了；如果双方都想说，这只是一个好故事。如果没有竞争的框架，我们就无法理解秘密。我们之所以能有意识地察觉到秘密，是因为它是思想斗争的产物。这与日常的事务不同，所以要求意识出面处理。

保守秘密的主要原因是对长期后果的厌恶：朋友可能会说你的坏话、爱人可能会受伤、邻里可能会排斥你等。这种担忧可以被以下事实证实：人们更可能将自己的秘密告诉陌生人，因为和不认识的人分享秘密，神经冲突可以在零成本的条件下消除。这就是为什么陌生人会在飞机上讲述他们婚姻问题的所有细节、忏悔室仍在天主教中发挥重要作用。

向陌生人讲述秘密，这一古老需求的最新改变可以在某些网站上看到：人们会在那里匿名坦白各种事。以下是一些例子：

> "我唯一的女儿夭折时，我不仅想过绑架一个婴儿，还在脑子里实施了计划。我甚至发现自己会观察其他新手妈妈和她们的孩子，试图从中挑选最完美的目标。"
> "我几乎可以肯定你儿子患有孤独症，但我不知道怎么告诉你。"

正如你无意注意到的那样，揭露秘密通常是为了讲述秘密本身，而不是用于寻求建议。如果听众发现了秘密中某些问题显而易见的解决方案，并且冒失地指了出来，这将使揭秘者无比失望，因为其目的只是为了讲述。讲述本身就是解决方案。

还有一个悬而未决的问题：为什么在坦白时，倾听者必须是人类或近似人类的神明？比如向墙壁、蜥蜴或山羊坦白秘密就不那么令人满意？

会不会出现"聪明的"机器人

小的时候，我认为会有机器人为我们准备食物、清洗衣服，并与我们交谈。但是人工智能领域好像出现了什么问题，导致我家中唯一的机器人是一个半智能的自动真空吸尘器。

为什么人工智能的发展出现了停滞？答案很清楚：智能本身是一个非常困难的问题。大自然有机会在亿万年的时间里尝试数万亿次实验，而人类只是在数十年中一直在研究这个问题。大多数时候，我们在从头开始"制作"智能，但近些年该领域发生了转向。为了在构建智能机器人方面取得更有意义的进展，我们需要一个明确的方向：破解大自然已经找到的技巧。

我认为"政敌团队"框架会仕整顿人工智能停滞不前的研究中发挥重要作用。以前的方法已经成功地完成了分工的步骤，但由此产生的程序由于内部缺少对抗而没用。如果要发明能思考的机器人，我们面临的挑战将不仅仅是设计一个子代理程序来巧妙地解决每个问题，而是不断地进行子代理程序的再创造，使每个子代理程序之间都有重叠的解决方案，然后将它们进行比较。重叠的机制与认知储备类似，能提供防止退化的保护以及解决问题的新异方法。

程序员往往假设存在一种最佳的解决方案或机器人，然后试图设置一种固定的解决方案来解决问题。而生物学给我们的启示是，我们应该培养一个团队，让他们从彼此不同但有重叠的角度来解决问题。"政敌团队"框架表明，最好的方法是摒弃"这个问题的最优解是什么"这种想法，而转向"这个问题是否有多种彼此重叠的解决方法"的思路。

培养团队的最佳方式可能是采用渐进的方法，随机生成少量程序，并允许它们进行稍有"突变"的扩大化。这种策略使我们能够逐渐发现解决方案，而不是从零开始得出一个完美的解决方案。正如生物学家莱斯利·奥格尔（Leslie Orgel）的第二定律所述："进化比你更聪明。"如果让我来命名一条生物学定律，那将是："让解决方案进化，即当找到一个好方案时，不要停止。"

到目前为止，技术尚未采取"民主架构"的理念，即"政敌团队"框架。虽然计算机由数千个专用部件构成，但它们从不协作或争论。我认为，以冲突为基础的民主组织（"政敌团队"的团队架构）将迎来一个富有成果的、受到生物启迪的机器新时代。

人是由一个完整的议会团队和其子系统组成的。除了一系列专门的系统，我们还是彼此重叠、不断再创造的机制和竞争派别的集合。**意识通过编造故事来解释大脑内部子系统中有时无法解释的动态**。在我们为自己的选择编造解释和故事的同时，行为本身在很大程度上由遗传系统驱动并尽力完成，这多少有些令人不安。

请注意，"心理社会"中的人口每次并不是都以完全相同的方式投票的。在关于意识的讨论中，这一认识经常被忽略，人们从而得出不合理的结论，即人在每时每刻都是相同的。有时你能很投入地阅读，有时会走神；有时你能读出所有单词的正确发音，有时舌头却不听话；有时你极度拘谨，有时却把谨慎丢到脑后。真正的你是怎样的呢？就像法国散文家蒙田说的那样："我们不同自我之间的差别同我们与他人之间的差异同样多。"

人是由心理社会中的众人组成的，虽然你的意识决策者都只是所有团体的一部分。

让我们再回到梅尔·吉布森的经历。我们可以提问：是否存在"真实"的一面？我们知道行为是内部系统之间争斗的结果。我并非在捍卫吉布森卑鄙的行为，但大脑中的竞争对手架构自然是由种族主义和非种族主义情绪组成的。酒精不是吐真剂。相反，它倾向于将大脑中的"战争"向短期的、鲁莽的一边引导，而这种团体与其他团体之间不存在孰真孰伪的分别。现在，我们可能在关注某人所处的鲁莽团体，因为它决定了一个人做出反社会或危险行为的程度。对一个人所处团体的担忧当然很合理，而且说"吉布森可能是反犹太主义者"也是有道理的。到最后，我们可以有理有据地谈论某人"最危险"的一面，但"真实"的一面可能更难以判断，并且"真实"这个形容词用在这种情况下可能并不恰当。

考虑到这一点，我们现在可以审视吉布森道歉信中的意外疏忽了："任何有此类思想或发表过任何形式的反犹太言论的人都没有任何借口为自己开脱，人们应当对这类行为零容忍。"你看到其中的错误了吗？"任何有此类思想的人"？没有人想过反犹太言论的世界是美好的，但无论好坏，我们都无法控制大脑系统有时的仇外心理。我们所谓的思维，大部分都不受认知控制。这一分析不是在为吉布森的恶劣行为开脱，但它确实突出了本书迄今一直都在提及的问题：如果有意识的你对心理机制的控制力比以前少了，那么"责任"意味着什么？我们将在下一章讨论这个问题。

Incognito

第 **6** 章

谁是自我的掌舵人

Incognito

● Y 染色体是犯罪基因吗?

● 我们能找到自由意志在大脑中的物理基础吗?

● 我们有办法锻炼自己的冲动控制能力吗?

为什么不是所有人都能自主选择

1966 年 8 月 1 日，一个潮湿闷热的日子，25 岁的查尔斯·惠特曼乘坐电梯登上了得克萨斯大学奥斯汀分校的塔楼顶层。他带着一只装满枪支和弹药的大箱子，到达了楼顶的观景台。他先在楼顶用步枪枪托杀死了接待员，紧接着，他向走上楼梯的两个游客家庭射击，之后，他不分青红皂白地向塔楼下的人开枪。惠特曼击中的第一个人是个孕妇。当其他人跑去救她时，他又向这些人射击。此外，他还向路上的行人与前来救援的救护车司机射击。

而在前一天晚上，惠特曼坐在打字机前，写下了这样一封遗书：

> 这些天我真的搞不懂自己。我本来是一个充满理性、智力正常的年轻人。然而最近，我记不起是什么时候开始的了，我一直被许多不寻常和不理性的想法困扰着。

当这起枪杀案的消息传开后，奥斯汀分校的所有警察都被命令前往学校。几小时后，3 名警员和 1 名被迅速授权的市民爬上塔楼，成功将惠特曼击毙在观景台上。不包括惠特曼在内，这起事件中共有 13 人被射杀，33 人受伤。

第二天，惠特曼的暴行成了全美国报纸的头条新闻。当警察去他家调查线索时，后续发现的故事让整个事件显得更加残忍了：在枪杀案发生的那天凌晨，惠特曼早已杀死了自己的母亲，并在妻子睡觉时将她刺死。在完成第一次杀戮后，他又手写了另一份遗书：

> 经过深思熟虑之后，我决定今晚杀了我的妻子凯茜……我深爱着她，对我而言，她是一位很好的妻子，所有男人都希望拥有这样一位妻子。但我根本不知道自己为什么要这样做……

这起令人震惊的谋杀案还有更加隐蔽而令人吃惊的一面：惠特曼的异常行为和他寻常的个人生活形成了鲜明的对比。惠特曼是前鹰级童子军的成员，参加过美国海军陆战队，在一家银行担任过出纳员，并且自愿担任奥斯汀分校第五童子军的队长。在儿童时期，他参加过斯坦福 – 比奈智力测试（Stanford Binet IQ test）并且获得了 138 分的高分，比 99% 的人都要高。所有人都想知道，为什么这样一个人竟然会做出如此血腥的屠杀行为。

惠特曼也想知道答案。他在遗书里请求将他的大脑进行解剖，以确定他的大脑中是否发生了病变，他此前也曾这样怀疑过。在枪击案发生的几个月前，惠特曼在日记中写道：

> 我曾经和医生谈了大概两小时，试图使他知道我的恐惧，当时，我不能克制内心不可阻断的暴力冲动。在这次谈话后，我再也没有见过这位医生。从此以后，我孤独地与自己的精神错乱做斗争，但似乎无济于事。

后来，惠特曼的尸体被送到解剖室，头骨被剖开，检查人员将他的大脑从头颅中取出，发现惠特曼的大脑中有一块差不多一枚硬币大小的肿瘤。这种肿瘤被称作胶质母细胞瘤，长在丘脑的下方，侵入下丘脑，侵占了另一个区域，即杏仁核。杏仁核参与情绪调节，尤其是与恐惧和攻击性等相关的情绪。早在 19 世纪晚期，研究人员就已经发现了杏仁核的损伤会导致情感和社会障碍。20 世纪 30 年代，生物学家海因里希·克鲁尔（Heinrich Klvüer）和保罗·布西（Paul Bucy）证明了杏仁核受损会导致猴子出现一系列症状，包括缺乏恐惧感、情感变得迟钝以及过度反应。杏仁核受损的雌性猴子还会表现出不恰当的母性行为，比如经常忽视或者虐待小猴崽。

对正常人来说，当看到充满威胁性的面孔、处于危险的情境或感受到社交恐惧时，杏仁核的活动会变得活跃。

惠特曼的直觉是准确的，他脑中确实有东西导致了他行为的改变：

> 我想我残忍地杀害了自己所爱的两个人，但是我就是想做一件痛快、彻底的事……如果我的人身保险有效的话，请帮我偿还我的债务……剩下的请匿名捐赠给一家精神健康基金会。或许，今后的研究可以防止这类悲剧再次发生。

其他人也注意到了这些变化。惠特曼的好友伊莲恩·菲斯（Elaine Fuess）发现："即使在他看起来很正常的时候，你也会觉得他正在努力控制身体里的某个东西。"想必这个东西就是导致他的愤怒、攻击性的起因。他冷静、理性的部分正在与冲动、暴力的部分做斗争，但肿瘤破坏了这场"战斗"的平衡。

一方面，在惠特曼脑中发现了肿瘤的这一事实，是否改变了你对他无情杀戮的感受？如果惠特曼那天活下来了，你是否会认为应该减轻对他的量刑？这个肿瘤是否改变了你对"他的错"的认识程度？……

另一方面，如果就此认为患有肿瘤的人可以在某种程度上免于内疚或惩罚，这是不是很危险？

惠特曼枪击案将我们带到了"可责难性"这一问题的核心位置。用法律的行话讲，他应该为自己的行为承担责任吗？如果一个人的大脑被自己无法选择的事物损坏了，那么他在多大程度上是有过错的呢？毕竟，每个人都脱离不了自己的生物特性。

惠特曼的例子并非个例。在神经科学与法律之间的交叉领域，脑损伤的案例在迅速增多。随着脑检查技术的不断完善和发展，我们发现了越来越多的问题。

另一个案例的主人公是亚历克斯，40 岁。亚历克斯的妻子朱莉娅开始注意到丈夫的性偏好发生了变化。他不再是朱莉娅所嫁的那个男人，他行为的改变引起了她的警觉。与此同时，亚历克斯在抱怨自己的头痛加剧。所以朱莉娅把他带到一位家庭医生那儿，后者介绍了一位神经学家给他们。亚历克斯接受了脑扫描，结果显示他的眶额皮质中长了一个巨大的肿瘤。神经外科医生切除这个肿瘤后，亚历克斯的性偏好恢复了正常。

亚历克斯的故事让我们认识到了一个深刻的事实：当你的生物特性发生改变时，你的决策、爱好以及欲望都会发生改变。也就是说，你认为理所当然的事情，都取决于大脑中神经机制错综复杂的细节。尽管这些行为被普遍认为是一种自由选择，但即便是最粗略的检验，也可以证明这种认知的局限性。

亚历克斯的故事所传达的观点通过接下来出乎意料的发展得到了进一步验证。在进行脑手术大概 6 个月后，亚历克斯的性偏好又发生了改变。他的妻子带他进行复诊，神经放射科医生发现，一部分没有被切除干净的肿瘤重新长了出来，所以亚历克斯得再接受一次手术。经过这次残余肿瘤的切除，他的行为又恢复了正常。

亚历克斯突然改变性偏好这一事件表明，在社会化的神经机制后面，潜伏着隐藏的驱动力和欲望。当额叶被损害时，人们会变得"去抑制"，显露出神经体系中一些更肮脏的元素。有种观点认为，从"本质上"讲，亚历克斯的性偏好与常人不同，只是社会化抑制了他的冲动，这种说法是否正确？或许正确，但在为他贴标签之前请先想一想，你一定也不想被发现隐藏在自己额叶下的"外星人"子程序。

这种"去抑制"行为的一个常见例子就是额颞叶痴呆患者，这种悲剧性的疾病会导致大脑额叶和颞叶退化。随着脑组织的受损，患者会丧失控制隐藏冲动的能力。于是，这些患者会做出各种各样的违反社会规范的行为，比如，在店员面前偷东西、在公共场合脱衣服、闯红灯、在不恰当的场合唱歌、吃垃圾堆里的食物，甚至出现暴力行为或者性侵行为。患有额颞叶痴呆的患者经常被送至法庭，他们的律师、医生和家人必须得向法官解释，不是这些肇事者真的想违法，而是他们的脑退化导致他们做出了违法行为，而且现在还没有药物能够有效治疗这种疾病。研究发现，57% 的额颞叶痴呆患者会表现出反社会行为，而相比之下，阿尔茨海默病患者只有 7%。

另一个大脑改变导致行为改变的例子是帕金森病。2001 年，有些帕金森病患者的家属和看护人员开始注意到一件奇怪的事。当患者服用了一种叫作普拉克索（pramipexole）的药时，其中一些人变成了赌徒，而且不是一般的赌徒，是一种病态的赌徒。这些患者以前从来没有过赌博行为，然而现在他们会飞到拉斯维加斯赌博。一位 68 岁的老人在 6 个月内累计输掉了超过 20 万美元。一些患者玩起了网络扑克，堆起了无法偿还的信用卡账单。许多人尽力向家人隐瞒自己输钱的事实。而对有些人来说，除了赌博，还有其他新型成瘾行为，比如强迫性暴饮暴食、酗酒或者性欲亢进。

到底发生了什么事？你或许曾目睹过帕金森病患者的可怜遭遇：双手颤抖、肢体僵硬、面无表情、平衡感不断变差。帕金森病是由大脑失去了一种细胞引起的，这种细胞能产生一种叫多巴胺的神经递质。而对帕金森病的治疗，就是提高患者体内的多巴胺水平，通常是增加体内产生的这种化学物质的量，有时也会使用能直接与多巴胺受体结合的药。但事实上，多巴胺在脑中的作用是双向的。除了控制运动，它还可以作为奖赏系统的信使，驱使人吃饭、喝水、交配以及做出一切有利于生存的行为。基于它在奖赏系统中的作用，多巴胺水平的失衡可能会引发由奖赏系统紊乱导致的行为，如嗜赌、暴食和药物成瘾。

医生开始怀疑，这种行为上的改变可能是普拉克索这类多巴胺药物引起的不良反应，于是他们在开药的标签上附上了警告。根据指示，当赌博行为出现时，家人和看护者需要看管好患者的信用卡，监视他们的上网活动，并留意他们的短途旅行。幸运的是，药物的作用是可逆的，只需要降低药物的剂量，患者的强迫性赌博行为就会消失。

从中我们可以得知，脑化学平衡的轻微变化就能引起很大的行为变化。患者的行为不能脱离其生物学特性。如果你更愿意相信人可以自由地选择自己的行为，比如"我不赌博是因为我意志坚强"，那对于像亚历克斯性偏好的变化、额颞叶痴呆患者的偷窃行为、帕金森病患者的赌博行为等，你就需要更加谨慎地考量自己的观点。或许，并不是所有人都能"自由"地做出适当的社会选择。

为什么男性容易犯罪

大多数人都倾向于相信，所有成年人具有做出合理选择的能力。这是个不错的想法，但这种想法本身是错误的。我们的大脑有着巨大的差异，不仅受到基因的影响，同样也会受到成长环境的影响。很多"病原体"（包括化学的和行为上的）都能影响我们成为怎样的人，例如孕期母亲的药物滥用、精神的压力以及孩子出生时体重过轻。在小孩成长的过程中，被忽视、身体受虐待以及头部受伤都会引发一系列精神发育问题。长大后，滥用药物、接触毒品都能损伤大脑，影响智力、决策能力，导致产生攻击性行为。开展禁止含铅涂料的大规模公众健康运动，是因为人们意识到即使摄入很低的铅含量也会引起脑损伤，降低儿童的智力，有时还会导致儿童的冲动性和攻击性。你所成长的环境决定了你是个怎样的人。所以，当思考可责难性问题的时候，第一个困难就是人们无法选择自己的成长途径。

我们要明白，这种认识绝不是要为罪犯开脱。引导人们认识到每个人都有不同的起点，这很重要。你很难想象自己犯了罪却说"我本来不会犯这样的错误"，因为你在母亲的子宫中没有接触到可卡因，没有铅中毒，没有受到虐待，但是有些人有过这样的遭遇，所以你和他们没有可比性。你们的大脑是不一样的，所以情况不同。就算你愿意处在他们的位置思考问题，你也做不到。

不同人之间的差别可能在母亲受孕开始就出现了。如果你认为基因对人们的行为没有影响，那么你就错了，看看下面惊人的事实：如果你携带一组特定的基因，那你暴力犯罪的可能性将增加882%。这是来自美国司法部的统计数据。我根据这些犯罪分子是否携带这些基因，将他们分为两组（见表6-1）。

表 6-1　美国年均暴力犯罪数量

犯罪类型	携带基因	未携带基因
故意伤害	3 419 000	435 000
故意杀人	14 196	1 468
持械抢劫	2 051 000	157 000
强奸	442 000	10 000

换句话说，如果你携带着这组基因，那么你犯故意伤害罪的可能性大约是未携带这组基因的人的 8 倍，犯故意杀人罪的可能性大约是未携带这组基因的人的 10 倍，犯持械抢劫罪的可能性大约是未携带这组基因的人的 13 倍，犯强奸罪的可能性大约是未携带这组基因的人的 44 倍。

在所有人类中，大约有一半人携带着这组基因，这使得他们更加危险，这毫无疑问。绝大多数的囚犯都携带着这组基因，死囚中的携带者更是达到了

98.4%。很显然，携带这组基因的人会有不同的行为表现，统计数字也提醒我们，不能简单地认为每个人都是以同样的动机和行为来到世上的。

我们之后会再次讨论这些基因，现在，让我们把这个问题和全文的主旨联系起来。我们不是自己行为的掌舵人，至少没有达到我们所相信的程度。"我们是谁"取决于我们意识层面之下的活动，而且这些细节要追溯到我们出生之前，从带有特定基因的精子和卵子结合的那一刻开始。"我们能成为什么样的人"起始于我们的分子蓝图，即用小到看不见的氨基酸字符"写下"的一系列外来编码。早在我们能够对此做出任何影响之前，我们的许多特质就已经定型了。我们是自己看不见、摸不着的微观历史的产物。

顺便说一下，关于那组危险的基因，你很可能听说过，它们被称作 Y 染色体。如果你携带它们，我们会将你称为"男性"。

当谈到遗传和环境时，有一点很重要：你没得选择。我们每个人都是被基因蓝图构建的，然后出生到这个世界上，在成长最关键的时期，我们无法选择自己的生活环境。基因和环境复杂的交互作用使得社会中每个公民都有不同的立场、不一样的个性和参差不齐的决策能力。这些不是我们自由意志的选择，我们从一开始拿到的就是这样的牌。

既然我们无法选择影响脑形成和脑结构的因素，自由意志和个人责任的概念就要打一个问号。亚历克斯脑中的肿瘤不是他的错，那么认为他做了错误的选择还有意义吗？而对做出不良行为的额颞叶痴呆患者和帕金森病患者进行处罚，公正吗？

154

如果你认为我们似乎朝着一个让人不安的方向前进——为罪犯开脱，那么请继续往下读，因为我将逐渐展开一种新论点及其逻辑。最终，我们将能够建立起一个基于证据的法律体系，我们会继续抓捕犯罪分子，但是将改变惩罚的理由和矫正的机会。当现代脑科学成熟之后，法律如果脱离了它，就会很难发挥正当作用。

我们是否拥有自由意志

> 只因为决定论无法阻止一个人相信自己是一个自由的主体，
> 人类即是生灵中的杰作。
> —— 乔治·C.利希滕贝格（Georg C. Lichtenberg），《格言集》（*Aphorisms*）

1994 年 8 月 20 日，在夏威夷的檀香山，一头名叫泰克（Tyke）的雌性马戏团大象正在数百名观众面前表演。突然，这头大象的神经回路中发生了一些无法预测的改变，它开始发狂。它顶伤了美容师达拉斯·贝克维斯（Dallas Beckwith），然后踩踏了训练师艾伦·贝克维斯（Allen Beckwith）。在惊恐万分的人群面前，泰克突破了竞技场的障碍，在毫无阻拦的竞技场外，它袭击了一位名叫史蒂夫·希拉诺（Steve Hirano）的宣传员。这一系列的血腥事件都被摄像机捕捉到了。泰克沿着卡卡科区的街道走去。在接下来的 30 分钟里，夏威夷的警察持续追捕，向泰克射击了总共 86 枪，积累的重伤终于让泰克倒下并死去。

像这样的大象伤人事件并不罕见，而故事中最离奇的部分就是结局。1903 年，大象托普西（Topsy）在科尼岛杀死了 3 名驯兽师，随后被爱迪生的新技术——电击处死。1916 年，大象玛丽（Mary）作为星光表演秀的演员，在田纳西州的一群观众面前杀死了看守员。为了平息人们的愤怒，马戏团的老板将玛丽吊死在路面起重机的绞索上，这是历史上已知的唯一一头被吊死的大象。

我们并不关心马戏团大象伤害案的责任归属问题。没有专门捍卫大象的律师，没有长时间的审判，也没有关于可减轻罪行的生理依据。我们只是以最直截了当的方式处理大象，以维护公共安全。毕竟，我们将泰克、托普西和玛丽简单地理解为动物，它们只是一些由大象的僵尸系统所聚集起的庞大集合而已。

相比之下，当涉及人类时，法律制度却建立在我们确实拥有自由意志的假设之上：我们在被认为拥有自由意志的基础上受到评价与裁判。然而，我们的神经回路本质上运行着与厚皮类动物相同的算法，又怎能说人类和动物之间存在着本质区别？在解剖学上，我们的大脑组成在很多方面与大象相同，例如皮质、下丘脑、网状结构、穹隆、中隔核等。身体形态与生态圈地位的差异，使得大象与我们在大脑各系统的连接模式上有所不同，但除此之外，我们在人类大脑中发现了与大象大脑中相同的规划形态。从进化的角度来看，各种哺乳动物大脑之间的差异只存在于细节上，那么，这种自主选择的自由为何恰巧只存在于人类的神经回路中呢？

从法律制度的角度来看，人类是现实而理性的。我们在决定如何行动时，会有意识地审查自己的行为，做出属于自己的决定。因此，在司法审判中，检察官不仅要展示出被告做出的有罪行为，还要表明被告有着罪恶的思想。只要没有任何干扰因素妨碍被告去控制其身体，我们即认为被告需要完全为自己的行为负责。这种"人具有理性"的论断是仅凭直觉做出的，并且充满漏洞。这也是本书希望论证的一点。

生理学并不能支持法律在这一点上的直觉判断。毕竟，个体的行为被广大而复杂的生物网络驱使。我们生来并不是一张白纸，不会无所筛选地接受世界上的各种事物，然后做出开放式的决定。事实上，相对于你的遗传基因与神经系统而言，有意识的"你"在做出决定时有多大的主导权，仍是一个谜题。

我们已经了解到了问题的关键：当我们难以确定人有多少自由选择的余地时，凭什么将人们各种各样的行为归结于其自身？或者说，人真的可以选择自己的行为吗？在完整的各个身体部件之下，是否存在一个微小的、独立于所有生理因素之外的、来自灵魂深处的声音，指导着你做出所有正确的事？这难道不就是我们所说的自由意志吗？

人类是否存在自由意志，是一个古老而充满争议的话题。支持者通常会将人类直接的主观体验作为主要的论据之一（例如"我刚才决定抬起我的手指"），但这样的论断可能会产生误导。虽然我们所做出的决定看似是自由的选择，但并没有强有力的证据能够证明它们的确就是自由的。

让我们举一个关于"移动"的决定的例子。

你可能认为伸出舌头、抬起头或者叫出某人的名字是由自由意志决定的，但是，自由意志并没有必要在这些行为中发挥任何作用。以图雷特综合征（Tourette's syndrome，又称为慢性抽动症）为例，患此病的人会不自主地运动和发声。一名典型的患者可能在完全无法选择的情况下，伸出舌头、抬起头，或称呼某人的名字。图雷特综合征的一个常见症状叫"秽语症"，患者会将某些不被社会接受的词汇或短语脱口而出，例如谩骂用语或种族绰号。更不幸的是，对于这些患者来说，他们所说出的话往往是他们最不想说出的——"秽语"正是因他们希望克制自己的不当用词而被引发的。例如，当看到一个肥胖的人时，患者可能正因为希望阻止自己说出"肥猪"，而不由自主地喊出"肥猪"。

图雷特综合征患者所表现出的不自主的身体抽动和不恰当的惊呼，并不是由我们称为自由意志的东西所导致的。因此，我们从图雷特综合征患者身上学到了两件事：首先，在没有自由意志的情况下，人们也可以做出复杂的行为，这意味着当我们见证自己或他人的复杂行为时，不应确信这是自由意志的作用；其次，图雷特综合征患者不能使用自由意志控制大脑其他部分所做出的决定，他们没有克制自己"不做某些事"的能力。失去控制自己"做某些事"和"不做某些事"的自由意志，本质上都是失去了"自由"。图雷特综合征患者的情况是其大脑中僵尸系统做出了各种决定而导致的，但我们却固执地认为这个人对此不承担责任。

并不是只有图雷特综合征才会让人失去自由决定做什么运动的能力，在某些所谓的心因性疾病中，患者的手掌、手臂、腿和脸的运动也是不自主的，尽管它们看起来是自主的。如果问这样的患者为何要上下移动手指，他们会解释说自己无法控制自己的手，不得不这样做。同样，正如我们在前一章中所了解到的，裂脑患者经常会出现异己手综合征的症状：一只手扣上衬衫的纽扣，另一只手却解开纽扣；一只手伸向一支铅笔，另一只手却将它甩开。无论患者多么努力，他都无法使自己的"异己手"停下。而这些决定并不都是他自己自由做出的。

无意识行为并不仅限于无意的喊叫或不可控制的"动手"，而是表现为更加复杂。让我们来看看 23 岁的多伦多男子肯尼斯·帕克斯（Kenneth Parks）的故事吧。肯尼斯有一个妻子和一个 5 个月大的女儿，他与岳父、岳母的关系良好。由于经济困难、婚姻问题和赌博成瘾，他打算去探望岳父、岳母，并谈谈自己的状况。他的岳母称他为"温柔的大个子"，她也十分期待与他讨论这些问题。但在他们见面前一天，也就是 1987 年 5 月 23 日凌晨，肯尼斯在没有醒来的情况下起了床。他梦游着爬进车里，开车 20 多千米来到岳父、岳母家。他闯入家里并杀害了他的岳母，殴打了他的岳父，但他的岳父并没有死。之后，他开车去了警察局。在警察局，他终于意识到自己的双手被严重割伤了，并说："我想我杀了一些人……我的手……"他被带到医院并接受了手部手术。

在接下来的一年里，尽管他陷于不利境地，但肯尼斯的证词始终如一：他不记得这件事。此外，虽然所有组织都一致认为肯尼斯毫无疑问犯下了谋杀罪，但他们也同意他没有任何犯罪动机。他的辩护律师辩称，这是一起在梦游中发生的杀人案，被称为"梦游杀人"。

在 1988 年的法庭听证会上，精神病学家罗纳德·比林斯（Ronald Billings）给出了如下的专家证词：

问：是否有证据表明某人可以在清醒时制订某计划，然后以某种方式确保自己能在睡眠中执行该计划？
答：不，完全没有。我们所知道的"睡眠中的意识"最重要的特征之一，就是它和清醒时的意识与目标毫无关联。与清醒时的意识相比，睡眠中的意识缺乏控制能力。当然，在清醒状态下，我们经常可以自主计划事情，这被我们称为"意志"，即我们可以决定这样做而不是那样做，但没有证据表明这样的事件可以发生在梦游中。
问：假设他当时在梦游，他是否有能力做出计划？
答：没有。
问：他知道自己在做什么吗？
答：不，他不知道。
问：他能理解自己的所作所为的后果吗？
答：不，我相信他不能。我想这是一次无意识的、不被控制和约束的行动。

对法院来说，对梦游杀人做出决断是一项艰巨的挑战。一方面，公众都在高喊着"骗子"；另一方面，人类大脑在睡眠期间确实是以不同的状态运作，而梦游也是一种可验证的现象。在一系列被称为"异态睡眠"（parasomnias）的睡眠障碍中，大脑的神经网络在睡眠状态和清醒状态之间并不总是无缝过渡的，这两种状态可能会纠缠在一起。由于在两种状态之间进行过渡需要大量神经元的共同协调，包括神经递质系统、激素和生理电活动上的一系列变化，因此睡眠障碍可能是极为常见的事。

一个正常的大脑在睡眠期间通常会从慢波睡眠进入浅睡阶段，最后变为清醒，但肯尼斯的脑电图则显示出一个问题，即他的大脑试图直接从深度睡眠进入清醒状态，并且他的大脑每晚都会尝试 10 ～ 20 次这种危险的过渡，而一个正常的大脑一整夜也不会做这种尝试。因为肯尼斯不可能伪造脑电图结果，所以这些调查结果使陪审团相信了他确实有梦游问题，并且已经严重到足以使他失去对行为的自主控制能力。1988 年 5 月 25 日，肯尼斯·帕克斯案的陪审团宣布肯尼斯不需要承担谋杀岳母、企图谋杀岳父的罪责。

与图雷特综合征患者、心因性疾病患者和裂脑患者一样，肯尼斯的案例表明，在没有自由意志的情况下，人们也可以做出高级的行为。就像心跳、呼吸、眨眼和吞咽一样，心智其实也可以自动运行，而不受意识控制。

问题的关键在于，究竟是所有行动都被自动控制着，还是说存在一些与生理基础无关的"自由"选择。这一直是哲学家和科学家最为关注的。但据我们所知，大脑中的所有活动都在一个极其复杂的、互相连通的网络中运行着，各种大脑活动都被其他的大脑活动驱动着。无论此事是好是坏，事实便是，大脑中只有神经活动，并无其他。也就是说，这台庞大的机器之中，并不存在"幽灵"。从另一个角度考虑，如果自由意志对身体的行为的确存在影响，它必须先影响正在进行的大脑活动。要做到这一点，它至少需要与一些神经元存在物理连接。但是，我们在大脑中找不到任何不受神经网络其他部分驱动的点；相反，大脑的每个部分都与其他部分密切相关并受其影响，这表明大脑中没有任何部分是独立的，或者说，没有任何部分是"自由的"。

因此，在目前对科学的理解中，我们无法找到"自由意志"的物理基础——一个不受其他部分影响的源头，因为似乎不存在任何与其他部分没有因果关系的结构。当然，这里所说的一切都基于我们当今所知道的东西，在1 000 年以后看起来必然是粗糙的；然而，在现在这个时间节点上，没有人能够说明非物质实体（自由意志）与物质实体（大脑中的组织结构）存在着相互作用。

假如你仍然非常强烈地认为，在生理基础之外你的确拥有自由意志，那么，神经科学有没有办法直接探测自由意志的存在呢？

在 20 世纪 60 年代，一位名叫本杰明·莱贝特（Benjamin Libet）的科学家在被试的头上放置电极，并要求他们做一项非常简单的任务：自己选择任意时刻举起手指。被试看着一个时间精度很高的计时器，并被要求记录下他们"感受到这一冲动"的确切时刻。

莱贝特发现，被试在实际抬起手指之前的大约 1/4 秒就已经意识到了这种冲动，但这并不令人惊讶。他检查了被试的脑电信号，发现了一些更令人惊讶的事情：被试大脑中的活动在他们意识到这种冲动之前就开始出现明显的变化了，并且从脑电波开始变化至意识到冲动的时间间隔超过了 1 秒钟（见图 6-1）。换句话说，在人们意识到行动的冲动之前，大脑的某些部分就已经做好了决定。

再回到有关意识的推论上，我们的大脑在各种各样的情境下似乎都在悄悄地运作着：建立神经元之间的连接、对行动做出计划，以及选取最优的策略等，而这一切，都发生在我们意识到"想要抬起自己的手指"之前。

莱贝特的实验引起了争论。难道说意识是大脑信息链中最后一个接收到信息的吗？他的实验是否彻底否定了自由意志的存在？莱贝特本人为自己的实验所揭示出的这种可能性感到苦恼，并最终提出，我们也许仍有阻止这一行动的自由。换句话说，虽然我们无法改变"我们会产生移动手指的冲动"这一事实，但也许在某段时间里，我们也拥有阻止手指抬起的自由。这会拯救自由意志吗？很难说。尽管停止某一行动看起来是一种很自由的选择，但也没有证据表明它不受意识之下的、潜藏在情景之后的神经回路的控制。

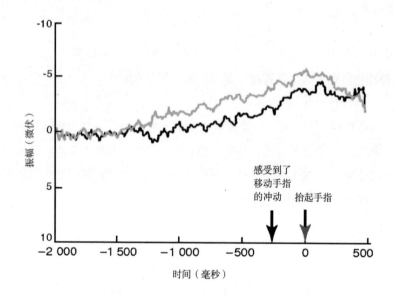

图 6-1　准备电位（脑电波）图

"当你产生这种冲动时，移动手指。"在实施自主运动很久之前，累积的神经活动已经可以被测量到。当被试聚焦于产生冲动的时刻（灰线）而不是移动手指本身（黑线）的时刻，"准备电位"更强。

后来，人们提出了其他几种试图挽救自由意志论的观点。例如，虽然经典物理学描述了一个被严格确定的宇宙（每个事物都以可预测的方式发展），但原子尺度的量子物理学却认为，不可预测性和不确定性也是宇宙的固有属性。量子物理学的支持者们想知道这种新科学是否可以拯救自由意志论。不幸的是，事实并非如此。一个具有不确定性和不可预测性的系统与一个可以被确定的系统一样，令人不满意，因为在这两种情况下，人们都没有选择。无论是抛掷硬币，还是击打台球，都不等同于我们所想要的真正意义上的"自由"。

其他试图挽救自由意志论的人会提及混沌理论，指出人类的大脑是如此复杂，以至于在现实生活的实践中没有办法确定自己的下一步行动。虽然这样的说法确实正确，但它并未解决有关自由意志的问题，因为混沌理论中研究的系统仍然具有确定性：某种变化确定会导致下一步变化。预测混沌理论中研究的系统的走向的确很困难，但系统的每种状态都与之前的状态具有因果关系。因此，重要的是，要明确"不可预测"的系统和"自由"的系统之间的区别。在乒乓球搭成的金字塔的"崩溃"中，系统的复杂性使得我们无法预测球的轨迹和最终位置，但是每个球仍然遵循确定性的运动规则。仅仅因为我们不能预测球的发展趋势，并不能说明其集合是"自由的"。

所以，尽管我们对自由意志抱有各种幻想与希望，但目前还没有任何令人信服的证据可以证明它的存在。

当我们转向犯罪问题时，有关自由意志的问题会变得很重要。当一名最近有过犯罪行为的罪犯站在法官席前时，我们通过法律系统想弄清楚他是否应当承担罪责。毕竟，他是否具有可责难性，决定着我们惩罚他的方式。如果你的孩子用蜡笔在墙上写字，你可能会惩罚他，但如果他在梦游中做同样的事情，你就不会惩罚他。为什么？在这两种情况下，他都是被同一个大脑驱使着的同一个孩子，不是吗？不同之处在于你对自由意志的评估：在前一种情形中，他拥有自由意志，在后一种情形中却没有；在前一种情形中，他表现得很顽皮，在后一种情形中，他只是在无意识地行动。

法律系统与你的想法一样：对行为的责任与对意志的控制保持一致。如果肯尼斯·帕克斯在杀死岳母和殴打岳父时是醒着的，他就是在犯罪；但如果他处于睡眠状态，他就会被无罪释放。同样，如果你打了某个人的脸，法律在意的是你是因具有主观的攻击性而发出攻击行为，还是因为患有半肢症（四肢会在没有预兆的情况下肆意挥动）而发出攻击行为。如果你开车撞到路边的水果摊，法律会在意你究竟是一名肆无忌惮的司机，还是一名心脏病发作的受害者。所有这些断案上的区别，都基于"我们拥有自由意志"这一假设。

我们真的拥有自由意志吗？科学还不能找出一种能够肯定自由意志存在的方法，但我们的直觉却很难否定自由意志的存在。经过几个世纪的争论，自由意志仍是一个开放的、可以继续争论的、与科学有关的问题。

我认为，如果从制定社会政策的角度考虑，这一问题的答案无关紧要。原因是，在法律体系中，有一种辩护方式叫作"自动行为"（automatism）。比如，当一名患有癫痫病的司机因症状发作而将车开入人群时，这种辩护就可以生效。律师可以声称被告的某一行为是由于无法控制的生理过程导致的。换句话说，这的确是一种有罪的行为，但在行为的背后，个体却没有选择。

但别着急下结论，我们一直以来所学到的，不都是生理过程决定大脑中发生的大部分甚至全部的事情吗？遗传学、童年经历、环境毒素、激素、神经递质和神经回路的强大作用，使我们无法在明确的可控范围内做出决定，可以说，我们不是自己行为的负责人。换句话说，自由意志可能真的存在。但就算存在，它的运作空间也很小。所以，我打算提出一条原则，我称之为"足够自动化原则"（principle of sufficient automatism）。这一原则源于对自由意志的一种理解——即使自由意志真的存在，它也只是巨大的自动化系统上的一个小因素。因为它如此小，我们甚至可以像理解任何其他的类似于糖尿病或肺病的物理过程一样理解人们的错误决策。这一原则指出，关于自由意志的问题，答案根本无关紧要。即使在 100 年后自由意志最终被证明存在，它也不会改变这样一个事实：从很大的程度上来说，人类的行为是不会被意志中"某只看不见的手"操纵的。

换句话说，查尔斯·惠特曼、性偏好突然改变的亚历克斯、在商店盗窃的额颞叶痴呆患者、痴迷于赌博的帕金森病患者和肯尼斯·帕克斯，他们的行为不能与生物学因素分开考虑。自由意志并不像我们的直觉那么简单。因为对它并不理解，所以我们不能将它作为惩罚他人的理论基础。

在考虑这个问题时，英国大法官宾厄姆勋爵（Lord Bingham）这样说道：

> 在过去，法律希望明确它发挥作用的方式……我们使用着一系列相当粗略的基本假设，即神志正常且完整的成年人可以自由选择以怎样的方法行事；他们被认为是理性且以利益最大化的方法来行事的；他们对自己行为的后果有先见之明，将他们换作其他任何一个理性的人，在那样的情景下都会做出同样的举动；他们所说的也正是他们希望表达的。在常规事件中，无论我们所使用的假设具有怎样的优点与缺点，显然它们都不能明确地指示出人类行为的普遍模式。

在进入这一争论的核心之前，让我们放下对"生物学的解释将认为罪犯没有错，进而释放罪犯"的担忧。我们还会惩罚犯罪分子吗？当然会。深化对自由意志的理解的最终目标，并不是为罪犯开脱。解释问题并不等于开脱罪责，社会永远不欢迎坏人。我们不会放弃惩罚，但我们会改进惩罚的方式。

从责备到科学：我们到底受什么控制

对大脑和行为的研究正处于概念转变的过程中。从历史上看，临床医生和律师曾就神经系统疾病（大脑问题）和精神疾病（心理问题）之间的直观区分达成一致。仅仅在一个世纪前，大众的态度是通过剥夺、恳求或折磨，使精神病患者变得"健康"。同样的态度适用于许多疾病。例如，几百年前，癫痫患者经常被憎恶，因为他们的癫痫发作被理解为恶魔附身，这也许是对早期行为的直接报复。毋庸置疑，这些方法都被证明是不成功的。毕竟，虽然精神疾病往往是脑病理学上一种更微妙形式的产物，但它们最终都离不开大脑的生物细节。术语转变的同时，临床界已经认识到这一点，现在，精神疾病指的是"器质性精神障碍"。这个术语表明，心理问题确实存在物理（器质性）基础，而不是纯粹的"心灵"问题（与大脑无关），这一概念现在毫无意义。

是什么导致了从责备到生理学认知的转变？最大的推动力也许是药物治疗的有效性。任何殴打都不会消除抑郁症，但是一种叫作氟西汀的小药丸却能解决问题。精神分裂症无法通过驱邪克服，但可以通过利培酮得到控制。躁狂症不能通过说话或排斥来解决，但能通过锂来控制。这些成功，其中大部分是在过去 60 年中达成的，这说明，将一些疾病称为"大脑问题"的同时将其他疾病委托给心理学中不可言喻的领域，毫无意义。相反，我们处理心理问题的方式开始与处理断腿的方式相同了。神经科学家罗伯特·萨波尔斯基（Robert Sapolsky）用一系列问题来帮助我们理解这种概念上的转变：

> 一个你心爱的人陷入了严重的抑郁症，以至无法正常地生活，这是因为一种与糖尿病一样以生理问题为基础的"真实"的疾病，还是因为她只是在纵容自己？孩子在学校表现不佳时，是因为他缺乏动力和反应迟钝，还是因为他有基于神经生物学的学习障碍？一个朋友面临药物滥用的严重问题，是因为他单纯地缺乏自律能力，还是因为他患有"奖赏"系统的神经化学病变？

我们对大脑神经回路的探索越多，就越容易避免对放纵、缺乏动机和不自律的谴责，并转向生物学的细节研究。从责备到科学的转变反映了我们的现代观点，即我们的观念和行为是由脑中难以触及的子程序控制的，这些子程序很容易被扰乱，就像裂脑患者、额颞叶痴呆患者和帕金森病赌徒所体现的那样。但是这其中隐藏着一个关键点。仅仅因为我们从"责备"之中转移出来，并不代表我们对生物学有了充分的理解。

虽然我们知道大脑与行为之间存在着密切的关系，但神经影像技术仍然很粗糙，无法有意义地评估有罪或无罪，特别是在个人层面上。这项技术是利用覆盖数十立方毫米的脑组织的、高度处理的血流信号来进行成像的。而在一立方毫米的脑组织中，神经元之间大约有 1 亿个突触连接。因此，现代神经影像技术就像要求航天飞机中的飞行员向窗外看并判断美国的情况一样，面临着不可估量的挑战：他可以发现巨大的森林火灾，也可以发现雷尼尔火山爆发时的火山活动等，但他无法察觉股市崩盘是否导致了大萧条和自杀，种族紧张局势是否会引发骚乱，或者人群是否患有流感等。飞行员没有办法辨别这些细节，现代神经科学家也没有办法对大脑的健康状况做出详细的陈述。对于微电路的细节，以及在毫秒级电信号和化学信号传播的广阔领域运行的算法，科学家都无法做出描述。

例如，心理学家安杰拉·斯卡帕（Angela Scarpa）和阿德里安·雷恩（Adrian Raine）的一项研究发现，被定罪的凶手和作为对照的其他被试的大脑活动存在可测量的差异，但这些差异是微妙的，仅在群体测量中显示出来。因此，这些差异对个人基本上没有诊断效能。精神病患者的神经影像学研究也是如此，大脑解剖学的可测量差异适用于群体水平，但对个体诊断目前依然无效。

目前，由于这种复杂性，我们处于一种奇怪的境地。

为什么追究责任归属不可取

让我们思考一个在世界各地的法庭上经常发生的情景：一个人犯了罪，由于控辩双方都没有发现他有明显的神经病学问题，于是这个人被判入狱或被判处死刑。但这个人在神经生物学方面与常人有所不同，其原因可能是基因突变、由不可检测的脑卒中或肿瘤引起的脑损伤、神经递质水平的不稳定性、激素失衡，或这些因素的任何组合。我们当前的技术可能无法检测到所有这些问题，但它们会引起大脑功能的差异，从而导致异常行为。

再次强调，生物学方法并不意味着为罪犯开脱，而只是强调他的行为并不能脱离其大脑机制，正如我们在查尔斯·惠特曼和肯尼斯·帕克斯的案例中看到的那样。我们不会责备由于肿瘤导致的性偏好的突然改变，就像我们不会责怪额叶皮质退化的额颞叶痴呆症患者在商店盗窃一样。换句话说，如果存在可测量的大脑问题，那被告就会受到宽恕。他不是真的应该受到责备。

但如果我们缺乏能够检测出生物问题的技术，我们就会责备某人。这就是我们讨论的核心：某人是否应被责备是一个错误的问题。

让我们想象有一个表示罪行责任大小的坐标轴（见图 6-2）。坐标轴的一端有像突然改变性偏好的亚历克斯这样的人，或者在公共场所裸露身体的额颞叶痴呆症患者。在法官和陪审团眼中，这些人在命运的捉弄下出现了脑损伤，这不是他们自己的真实状况。

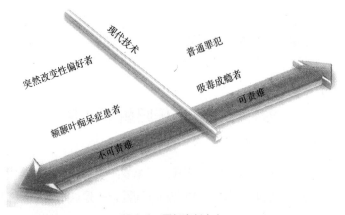

图 6-2　罪行责任大小

在分界线"应承担罪责"的一侧是普通的罪犯，他们的大脑几乎没有接受过研究，而且囿于目前的技术水平，我们对他们的了解在任何方面都可能很少。大多数犯罪分子都在这一侧，由于他们没有任何明显的生理问题，因而被简单地认为是自由地选择了其行为。

在坐标轴中间的某个区域，你可能会找到像专业摔跤运动员克里斯·贝诺特（Chris Benoit）这样的人。他的医生与他合谋，以激素替代疗法为借口为他提供大量的睾酮。2007 年 6 月下旬，因摄入类固醇导致狂怒，贝诺特在回家之后谋杀了他的儿子和妻子，然后在一个重量训练器械的滑轮绳上上吊自杀。他可以以"激素控制了他的情绪状态"这一生理原因为自己辩护，但他似乎更应该受到指责，因为他选择摄取它们。一般来说，吸毒成瘾者通常被视为接近中间阶段：虽然人们在一定程度上认识到成瘾是一个生物学问题，并且药物会改变大脑，但人们也通常认为吸毒成瘾者应当为最初开始的吸毒行为负责。

这个坐标轴反映了陪审团对于可责难性的共同直觉。但有一个很重要的问题：技术将继续进步，我们在测量大脑问题方面也将做得更好，分界线将向右移动。现在不透明的问题在以后可以通过新技术检查出来，有朝一日我们可能会发现，某些类型的不良行为有着合理的生物学解释，就像精神分裂症、癫痫、抑郁症和躁狂症一样。目前我们只能检测到大脑肿瘤，但在 100 年后，我们将能够检测出与行为问题相关的难以想象的微小电路水平的机制。神经科学能够更好地解释为什么人们倾向于以自己的方式行事。随着检测出行为是如何从大脑的微观细节中产生的技术越来越先进，更多的辩护律师会凭借生理原因为被告进行辩护，更多的陪审团会将被告置于不应受谴责的一方。

根据当前有局限的技术来决定一个人有无罪责是毫无意义的。在 10 年之前，如果一种法律制度宣称某个人应该受到惩罚，而 10 年之后宣称他不应该受到惩罚，那这种法律制度就没有明确的意义。

问题的核心在于,"哪部分是基于生物学上的他,而哪部分又是他的意志"。这个问题不再有任何意义,因为我们现在明白它们是一体的,生理和决策之间的区别也没有任何意义。两者不可分割。

正如神经科学家沃尔夫·辛格(Wolf Singer)所说的那样,即使无法测量罪犯的大脑出了什么问题,我们也可以相当肯定地假设他的大脑出现了某种问题。他的异常行为就是大脑异常的充分证据,即使我们不知道(也许永远不会知道)细节也一样。"只要无法确定所有原因,即使现在不能,甚至可能永远也无法做到,我们也应该认为每个人的异常行为背后都有神经生物学的原因。"请注意,大多数时候我们无法测量罪犯的生理异常。例如,科罗拉多州哥伦拜恩高中枪击案的凶手埃里克·哈里斯(Eric Harris)和迪伦·克莱伯德(Dylan Klebold),或弗吉尼亚理工大学枪击案的凶手赵承熙(Seung-Hui Cho),他们的大脑出了什么问题我们永远都不会知道,因为他们像大多数校园枪击案的凶手一样,在现场就被击毙了。但我们可以放心地假设,他们的大脑出现了异常,因为这是一种罕见的行为,大多数人都不会这样做。

最终,争论的底线是,这类犯罪分子应该始终被视为无法选择其他行为。无论当前是否有测量手段,犯罪行为本身都应被视为大脑异常的证据。这意味着神经科学家证人应该被排除在审判之外,因为他们的证词只能反映目前是否已经能测量和命名其大脑异常,而不是异常是否存在。

因此,是否应承担罪责似乎是一个错误的问题。正确的问法应该是:对于被指控的罪犯,接下来,我们该做什么?

对罪犯大脑的既往史进行探寻可能非常复杂,但我们最终想知道的是,一个人未来会做出什么行为。

我们能否建立更完善的法律体系

虽然我们目前的惩罚方式依赖于个人意志和责任，但经过讨论，我们认为应当做出一些改变。尽管社会大众拥有根深蒂固的惩罚冲动，但是，具有前瞻性的法律体系将更加关注从今天起如何为社会提供最好的服务。破坏社会契约的人需要受到惩罚，但在这种情况下，未来比过去更重要。量刑不一定要以罪犯的主观恶意为依据，而是可以根据其再次犯罪的风险来确定。对行为进行深入的生物学洞察将有助于更好地理解再次犯罪，也就是说，有助于理解谁将会犯更多的罪行。这为理性和以证据为基础的量刑提供了基础：有些人需要更长的刑期，因为他们再次犯罪的可能性很高；其他人，由于各种情有可原的情况，不太可能再次犯罪。

我们怎样才能判断出谁再次犯罪的风险更高呢？毕竟，法庭审判的细节并不总是能清楚地表明潜在的麻烦。更好的策略依赖于更科学的方法。

现在，让我们考虑一下对性犯罪者的判决中发生的重大变化。数年前，研究人员开始询问精神科医生和假释委员会成员：出狱时，个别性犯罪者再犯的可能性有多大？精神科医生和假释委员会成员都了解这些犯罪分子以及之前的数百名犯罪分子，所以要他们预测谁会改过自新、谁会再次犯罪并不难。这样的猜测听上去很合理。

真的是这样吗？结果非常令人惊讶——精神科医生和假释委员会成员的猜测与实际结果几乎毫无关系。他们预测的准确性与扔硬币的情况差不多。这一结果令学术界非常震惊。

因此，研究人员在绝望中尝试了一种精算的方法。他们开始着手测量即将被释放的 22 500 名性犯罪者的几十种情况，如罪犯是否保持过超过一年的恋爱关系，小时候是否受到过性虐待，是否有过毒瘾，是否表现出悔恨，是否有异常的性偏好等。随后，研究人员在罪犯被释放后对他们进行了长达 5 年的跟踪调查，看看谁最终会重新入狱。研究最后，他们计算出哪些因素能最好地解释再犯罪率，并且能根据这些数据建立用于量刑的精算表。根据数据统计，有些罪犯似乎可能会不断犯罪，因此他们需要被隔离更长的时间；有些罪犯不太可能给社会带来威胁，因此他们会得到更短的刑期。当你将精算方法的预测能力与精神科医生和假释委员会成员的预测能力进行比较时，毫无疑问你会发现，数字胜过直觉。这些精算测试现在被用于美国各地的法庭对刑期的判定上。

我们不可能精确地知道某人被释放后会做什么，因为现实生活很复杂。但是，数字中隐藏的可用于预测的信息比人们通常预期的要多。不管从表面上看是令人喜爱还是令人厌恶，有些罪犯确实比其他罪犯更危险，而且危险的人有某些共同的行为模式。基于统计的量刑有不完善之处，但它依靠的是证据而非人的直觉，并且可以提供量刑的标准，以取代法律制度通常采用的粗糙的规则。当我们将脑科学引入这些测量时，例如神经影像学研究，它们的预测能力还会提高。科学家永远无法确定谁会再次犯罪，因为这取决于多种因素，包括环境和机遇。但尽管如此，合理的猜测还是能做到的，而神经科学将使这些猜测更准确。

请注意，即使在没有详细的神经生物学知识的情况下，法律也已经引入了一些具有前瞻性的思维，例如，相对于蓄意谋杀，激情犯罪会受到一定的宽恕。激情犯罪的人比蓄意谋杀的人更不容易再犯，而对他们的判决很好地反映了这一点。

其中有一个重要的细微差别。并非所有患有脑瘤的人都会进行大规模射击，并非所有男性都会犯罪。为什么？正如我们将在下一章中认识到的那样，这是因为基因和外界环境以难以想象的复杂模式进行着相互作用。因此，人类的行为总是无法预测的。这种不可简化的复杂性会带来以下后果：当一个人站在被告席上时，法官无法了解他大脑的历史。胎儿发育不良、孕妇怀孕期间服用可卡因、童年受到虐待、孕妇子宫内睾酮水平高、孩子被暴露于有汞的环境后暴力倾向会高出 2% 的微小基因差异……所有这些因素和数百种其他因素相互作用，而法官如果试图厘清它们以确定被告是否应受责难，那将是一种徒劳的努力。因此，法律制度不得不具有前瞻性，主要是因为它没有办法真正了解过去、辨明责任。

除了为量刑提供依据，更加兼容、更具前瞻性的法律体系将使我们能超越将监狱视为一种通用解决方案的习惯。需要说明的是，我并不反对监狱，但是有更好的方法。

具有前瞻性的法律体系将把生物学知识纳入定制的、使罪犯改过自新的体系中，正如我们理解癫痫、精神分裂症和抑郁症等病症的患者一样，罪犯也可以寻求并得到帮助，我们也会以与之前不同的方式看待他们的犯罪行为。这些罪犯的病症和其他脑部疾病已经位于不需承担罪责的分界线的另一边，它们被看作生理疾病，而不是恶魔般的问题。那么其他形式的行为，比如犯罪行为呢？大多数立法者和民众都赞成改造犯罪分子，而不是简单地将他们塞进过度拥挤的监狱。但难点在于，我们缺乏矫正其行为的新方法。

当然，在集体意识中恐怖依然存在：额叶切除术。额叶切除术，最初称为脑白质切除术，是由埃加斯·莫尼兹（Egas Moniz）发明的，他认为通过用手术刀破坏额叶来帮助罪犯很有效。这个简单的手术可以减少前额叶皮质与其他脑区的连接，通常会导致重大的人格改变和可能的精神发育迟缓。

　　莫尼兹对几名罪犯进行了测试，结果令他感到满意：手术让罪犯平静了下来。事实上，它完全抑制了他们的个性。莫尼兹的学生沃尔特·弗里曼（Walter Freeman）注意到，缺乏有效治疗阻碍了福利机构对精神患者的护理，他认为额叶切除术作为一种权宜之计，可以将大量人群从治疗中解放出来，并帮助他们重新回到个人生活中。

　　不幸的是，这种手术剥夺了人们的基本神经权利。肯·克西（Ken Kesey）的小说《飞越疯人院》（*One Flew over the Cuckoo's Nest*）就反映了这个问题。在小说中，叛逆的患者兰德尔·麦克默菲因为反抗权威而受到惩罚：他成了一个倒霉的额叶切除术接受者。麦克默菲开朗的性格激发了病房里其他患者的活力，但是手术让他变成了植物人。在看到麦克默菲的新状况后，他温顺的朋友"酋长"布罗姆登在其他患者看到他们领导者的耻辱命运之前，用枕头闷死了他。

　　尽管莫尼兹因发明该手术而获得了诺贝尔生理学或医学奖，但如今，额叶切除术不再被认为是处理犯罪行为的正确方法了。

　　但如果额叶切除术可以阻止犯罪，为什么不这样做呢？这个道德问题的核心在于：一个国家可以在多大程度上改变它的国民。[①] 在我看来，这是现代神经科学中一个里程碑式的问题：当我们能够了解大脑时，怎样才能阻止政府干预呢？请注意，这个问题不仅表现出了轰动性的形式，例如额叶切除术，而且还有更微妙的形式，例如二次性犯罪者是否应该被迫被化学阉割，目前该项措施在加利福尼亚州和佛罗里达州已经实施了。

---

① 顺带一提，额叶切除术热潮的消退主要并不是因为道德上的担忧，而是因为20世纪50年代初期精神药物开始进入市场，从而提供了一种更适宜的解决方法。

现在，我们可以提出一个新的解决方案，在没有道德担忧的情况下矫正犯罪者：前额叶锻炼。

如何训练大脑的冲动控制能力

当我们帮助一个人融入社会的时候，合乎情理的做法应当是尽可能少地改变他，以使他的行为合乎社会的需要。这种方法是以以下认识为出发点的：大脑是一个由竞争对手组成的团队，不同神经族群之间进行着竞争，这种竞争关系意味着结果是可以被改变的。

缺乏冲动控制能力是绝大部分罪犯的一个标志性特点。他们通常都明白正确行为与错误行为之间的区别，也理解惩罚的严重性，但他们往往会被自己对冲动控制的无能而拖了后腿。当他们看到一位女士挎着贵重的手包独自走在小巷子里，就只顾着想如何抓住这个机会进行犯罪行动，而把其他都抛在脑后了。这种诱惑超越了他们对自己未来的担忧。

倘若你感到很难对那些缺乏冲动控制能力的人产生同情，想一想那些你本不想做却最终屈从了的事情吧。零食？酒精？巧克力蛋糕？电视机？我们很容易发现，缺乏冲动控制能力的现象已经蔓延到了我们自己决策的方方面面。我们并不是不知道什么样的决定对自己最好，只是大脑中负责长远考虑的额叶回路在面临诱惑时无法自控。

因此，我们所尝试的新的干预策略就是锻炼前额叶，抑制大脑中负责短期考虑的回路。我的同事斯蒂芬·拉康特（Stephen LaConte）与佩尔·邱（Pearl Chiu）已经开始利用大脑成像中的实时反馈实现这一目的。在这项实验中，你在接受脑扫描的同时观看巧克力蛋糕的图片，而研究人员会查明你大脑中的哪部分区域与你对蛋糕的热切渴望有关。接着，你的大脑中这些网络的活动就会通过一条竖线在电脑屏幕上显示出来。你的工作就是让这条线下降。这条线就相当于一支反映你渴望程度的温度计：当你的渴望相关网络加速运转时，这条线就会很高；当你压制自己的渴望时，线就会降低。你要注视着这条线并且尝试让它下降。也许你对自己为抵抗蛋糕所做的努力有所洞悉，也许没有。无论如何，你都尝试了不同的心理路径，直到那条线开始缓缓下降。当它下降的时候，意味着你已经成功地利用前额叶回路抑制了冲动渴望相关网络的活动。控制长远考虑的回路战胜了控制短期考虑的回路。接下来你再去观看巧克力蛋糕的图片，同时不断地练习使得代表欲望的线一次次地下降，直到你充分强化了前额叶的功能。通过这种方法，你能够得到需要调整的大脑区域的活动状况的视觉化信息，并见证你所尝试的不同心理路径的效果。

回到"民主的政敌团队"的类比中，我们的想法就是要使大脑保持一个良好的制衡体系。这种对前额叶的锻炼正是旨在为不同团体之间的争论创造公平的竞争环境，从而使人在实施行动前进行充分的思考。

事实上，这正是个人成熟的真正内涵。青少年和成年人大脑的主要区别就在于前额叶的发展程度。人类前额叶直到 20 岁出头才能完全发育成熟，这也是青少年更容易出现冲动行为的生理基础。前额叶有时被称为"社会化的器官"，因为社会化正意味着大脑回路发育成熟，足以抵抗我们最原始的冲动。

这也解释了为什么额叶损伤会导致一些不合社会规范的行为，而在这之前，我们甚至都想不到这些行为会潜藏在大脑里。想想那些患有额颞叶痴呆症的患者吧，他们在商店偷东西，在公共场所裸露身体，在公共场所小便，还会在不合适的时间突然开始唱歌。这些僵尸系统一直都潜伏在我们正常的表面下，只是被正常工作的额叶掩盖着。这种情况同样会发生在人们喝得酩酊大醉时，这种时候，他们其实是抑制了自己额叶的正常功能，并让那些"僵尸"从潜伏的地下爬上来。

在训练了前额叶之后，你也许仍旧渴望巧克力蛋糕，但你已经懂得了如何战胜这种渴望，而不是让它征服你。这并不是说我们不想享受那些冲动性想法，比如想吃蛋糕，只是说我们想赋予额叶一些控制力以控制自己真的将想法转化为实际行动，也就是控制自己不吃蛋糕。与之类似，当一个人想去犯罪时，只要他不付诸行动，就是被允许的。我们不可能限制人们的想法，任何一个法律体系也不应当试图以此为目标。社会政策只能尽可能去阻止人们的冲动性想法在被健康、民主的神经系统充分考虑之前转化为实际行动。

尽管实时反馈需要前沿技术的支撑，但这并不影响我们目标的单纯性：增强个体长远决策的能力。我们的目标就是让那些负责考虑长远后果的神经族群拥有更大的掌控力，从而阻止冲动行为，并鼓励理性思考。假若某人考虑到了长远的后果但仍旧决定做出违法的事情，那我们就需要根据情况来处理。这种方式有着重要的伦理意义与自由主义的吸引力。不同于导致患者智能退化到婴儿水平的额叶切除术，这样的处理方式给了那些想要自助自救的人一个机会。因此，政府不再强制安排一台精神外科手术，而是去帮助罪犯提升自我反思和社会化的能力。这种方式因为既不涉及药物也不涉及手术，保持了大脑的完整性；它利用大脑自然的可塑性机制去帮助它实现自助。这是一种检修调整，而非产品召回。

并不是所有提升了自我反思能力的人都会得到同样可靠的结论，但至少他们会获得倾听不同团体神经细胞之间争论的机会。需要注意的是，这种方式也许可以帮助个体恢复一些期望中的克制力，但这只对那些考虑长远后果并依此行事的人有用。

关于锻炼前额叶的科学研究还处在早期发展阶段，但我们希望这种途径代表了一种正确的模式：它在生物学和伦理学方面都有坚实的基础，并使人们可以帮助自己做出更好的长远决定。正如任何科学尝试一样，这种方法也可能由于任何不可预见的原因失败，但至少我们已经能够发展出一些新的想法，而不是把监禁当作唯一有效的解决方式。

推广实行这种新型改造方式的一个挑战在于：如何赢得公众的认可？许多人有一种强烈的报复性冲动：他们想看到惩罚，而非改造。我理解这种报复的冲动，因为我也有。每当我听说某个罪犯犯下了极为可憎的恶行，我都十分生气，以至于想采取民间警卫队风格的报复行动。然而，我们有做某事的冲动并不意味着它就是最佳的策略。

以外国人恐惧症（xenophobia），即对外国人的畏惧感为例。这是一种完全自然的现象。人们总是对和自己长相相似、声音相近的人更有好感，当然，这有些不可理喻。我们的社会政策旨在加强那些人性中最开明进步的观念，以克服人性中落后的方面。因此，1968 年，美国通过了《公平住房法》，作为《民权法案》的第八章。我们花了很久的时间走到这一步，但这一事实也说明我们的社会是灵活可塑的，能够根据进步的思想提升标准。

美国治安委员会的政策也是如此。尽管我们承认自己有报复的冲动，但作为一个社会整体，我们想达成共识就要抵抗这种冲动，因为我们知道，人们可能无法查清犯罪的事实真相，每个人都应当被看作是无罪的，直到被证明有罪。与之类似，当我们越来越了解行为背后的生理基础时，用一种更具建设性的方法来征服我们对可责难性的直觉认识就会更有意义。我们有能力学习更好的想法，而法律体系的任务就是把最好的想法放在适当的位置，谨慎地将其付诸实施，以抵御不断变化的观点的力量。尽管在今天看来，以大脑为基础的政策还比较遥远，但也许并不会太久，根据它得出的结果也并不总是违反直觉的。

为什么说生而不平等有利于人类进化

我们有更多理由理解大脑是如何指导行为的。沿着衡量人类特性的任何一条轴看，我们都会发现这种现象分布得非常广泛，从同理心到智力，从游泳能力到攻击性，从在大提琴到国际象棋上的与生俱来的天资，都是其体现。人并不是生来平等的。尽管这种多样性常常被认为是一件最好被掩饰起来的事，但实际上，它正是人类进化的发动机。每一代，自然界都会在所有可用的维度上尝试尽可能多的变化，而只有那些最能适应环境的个体才能繁衍生息。在过去的几十亿年里，这一直是一种非常成功的方式，所以，人类从生命起源前的单一自我复制的分子，发展成了如今可以发射火箭的样子。

然而，这种多样性同样也是法律系统麻烦的来源之一，因为法律系统的前提是：法律面前，人人平等。这种根深蒂固的人类平等的神话意味着，所有人在决策、冲动控制以及考虑后果的能力方面都是平等的。尽管这样的假设令人钦佩，但却绝不是事实。

一些人会争辩说，尽管关于人类平等的神话也许已经被攻击得千疮百孔，但坚持这种想法仍然很有意义。这种论调声称，无论平等是否真实存在，它都会产生"一种特别令人钦佩的社会秩序，一种在公平和稳定中产生回报的反事实"。换句话说，假设在被证明是错误的同时可以仍旧有效。

我不同意这种说法。正如我们在整本书中了解到的，人们来到这个世界之时并不具有完全相等的能力。一个人的基因和个人史塑造了其大脑截然不同的最终形态。事实上，法律系统在某种程度上也承认这一点，因为现实压力太大以至于我们很难假装所有大脑都是平等的。就拿年龄来说吧，青少年在决策和冲动控制方面的技能与成年人显然不同；孩子的大脑与成年人的大脑根本无法相比。因此美国的法律在 17 岁与 18 岁之间划出了一条明确的界限，以拙劣地承认这种事实上的不平等。美国最高法院在罗珀诉西蒙斯一案中规定，作案时未满 18 周岁的罪犯不能被判处死刑。法律同样承认智商很重要。因此，美国最高法院做出了一个相似的决定，即智力发育迟滞者禁止被处以死刑。

由此可以看出，法律其实已经承认了所有大脑并不是一开始就平等的这一事实。问题就在于，目前的法律所采用的分类标准过于粗糙，比如，如果你已经 18 岁了，我们就可以判你死刑；如果你离 18 岁只差一天，那你就安全了。如果你的智商是 70，你就要上电椅；如果是 69，那你就可以舒舒服服地躺在监狱的床垫上。因为智商分数会随着测试时间与测试情境的不同而波动，所以，如果你离分界线很近，那最好祈祷能有一个合适的环境。

假装未成年人与智力发育迟滞者以外的所有人彼此平等是没有意义的，因为事实就是他们并不平等。人们有着不同的基因和经历，这些不同会让他们的内在差别巨大，跟外在的差别一样。正如神经科学已经证明的那样，**采用连续式的方式可以帮助我们更好地理解人，而非简单粗暴的二元分类**。这样我们就可以为不同的个体定制审判与改造方案，而不是假装所有的大脑都对同样的奖励机制做出反应，并且应该受到同样的惩罚。

如何更妥当地处罚罪犯

法律的个性化会面向许多方向，我在这儿先提出一个。

让我们设想一下：假设你的女儿拿着一支蜡笔在墙上乱涂乱画。一种情境中，她是因为淘气而这样做；另一种情境中，她是在梦游。直觉告诉你，在前一种情况而非后一种情况下，你应该惩罚她。但是这样做的原因是什么呢？我认为，你的直觉中包含着一种关于惩罚目的的重要洞见。在这个例子中，虽然梦游显然不应该受到责难，但核心并非你对可责难性的直觉，而是可改正性。你的想法是，只有当行为可以被改变时才实施惩罚。梦游时她不能改变自己的行为，因此为了这种情况而施加惩罚是残忍的，也是徒劳的。

我推测终有一日，我们能够以神经可塑性为基础来决定处罚方式。一些人的大脑对经典条件反射（惩罚与奖励）有更好的反应，而另一些人，由于精神疾病、反社会人格、前额叶发育不良或其他种种问题，很难被改变。以让犯人砸碎岩石这种酷刑为例：如果这是为了抑制犯人再次犯罪的动机，那么在没有适当的大脑可塑性的情况下，这种惩罚毫无意义；倘若有希望通过经典条件反射改变犯人的行为，从而有利于其融入社会，那么这种惩罚才是合适的。当一个被定罪的罪犯不会因为受到惩罚而被有效地改变时，他就只应该被关进仓库式收容所。

一些哲学家曾建议，惩罚可以建立在行为者能做出的选择的数量上。苍蝇缺乏处理复杂选择的神经基础，但人类尤其是聪明人拥有众多选择，并因此拥有更多控制感。因此，我们可以设计一种惩罚制度，在这种制度中，惩罚的程度与对象可做出选择的程度相一致。但我认为这并非最佳策略，因为有些人可能只有很少的选择，但却可以被改变。以未经训练的小狗为例，它甚至想不到在需要小便的时候在门口吠叫和乱抓；选择不是它自己做出的，因为它还没有发展出关于这种选择的概念。然而，你可以责骂这只狗，从而改变它的中枢神经系统，以使其做出恰当的行为。对一个在商店偷东西的小孩来说，道理是相同的。他一开始并不明白关于所有权和经济的问题。你惩罚他并非由于你知道他有很多其他的选择，而是因为你知道，他的行为是可以被改变的。实际上，你在帮助他更好地社会化。

这个提议试图将惩罚与神经科学联系起来，其理念是用一种更公平的方式，取代人们对可责难性的直觉。尽管现阶段这种方式的代价还很高，但未来的社会，也许会产生一种实验性的指标以测量神经可塑性——修改大脑回路的能力。对那些可修改的人而言，诸如前额叶仍需要进一步发育的青少年，严酷的惩罚是合理的。但对那些前额叶受损而永久丧失了社会化能力的人来说，应当在另一种机构中被国家剥夺其行为能力。智力发育迟缓或精神分裂症患者也是如此。对一些人来说，惩罚性措施可能会消除其嗜血的欲望，但对更广泛的群体而言，这没有任何意义。

在前 5 章，我们已经探讨了在多大程度上我们不是自己真正的掌舵人。我们看到，人们几乎没有能力选择或解释自己的行为、动机和信念，船的舵轮是由无意识的大脑控制的，由无数代的进化选择和生活经验所塑造。本章我们探讨了这一点所产生的社会后果：大脑的难以理解性在社会层面上是如何起作用的？它又将如何引导我们思考可责难性的方式？对那些行为迥异的人，我们又该如何对待？

目前，当一名罪犯站在法官席前时，法律系统会提出质疑：这个人应该受到谴责吗？对于惠特曼、亚历克斯、图雷特综合征患者和梦游者，回答是否定的。但假若这个人没有明显的生理问题，回答将会是肯定的。鉴于技术每年都会不断改进，"错误"的分界线也会发生移动，因此依靠技术并不是构建法律体系的明智方法。对于人类行为的方方面面有朝一日是否会被理解为我们意志之外的行为，目前来看或许为时过早。但科学的进步终将推动我们在意志和非意志之间的连续光谱上划清界限。

作为美国贝勒医学院（Baylor College of Medicine's Initiative）神经科学和法律项目的主任，我曾在世界各地做过关于这些问题的演讲。我面临的最大挑战就是对抗这种错误的认识：对人们行为和内部差异的生物学的理解的提高意味着我们将原谅罪犯，不再阻止他们横行霸道。这种认识是不对的。生物学上的解释并不能为罪犯开脱罪责。脑科学将改善法律系统，而不是妨碍其功能。为了社会能够顺利运转，我们仍将把那些过分好斗、缺乏同理心和不善于控制自己冲动的罪犯从街头驱逐出去，他们仍将由政府管理。

从合理的量刑和改造的新思路来看，我们惩罚大部分犯罪行为的方式将会发生很大变化。我们的重点将从惩罚转向认识问题（神经方面和社会方面），并有意义地解决它们。例如，在这一章中，我们了解到大脑的"政敌团队"框架如何在罪犯改造策略方面提供新的希望。

更进一步说，当对大脑有更深的理解时，我们就能够专注于建立一套社会激励系统来鼓励好的行为，阻止不良行为。**有效的法律需要有效的行为榜样：不仅要理解我们希望人们如何行事，还要理解人们实际上如何行事。**在探索神经科学、经济以及决策之间的关系时，可以更好地构建社会政策，以便更有效地利用这些发现。这将减少我们对惩罚的关注，进而转变为积极主动的、预防性的政策制定。

这一章中，我的论点并非重新定义可责难性，而是要把它从法律术语中删除。可责难性是一个"向后看"的概念，它要求我们完成一项不可能完成的任务，即解开构建人类生活的极其复杂的基因与环境网络。例如，所有已知的连环杀人犯在儿童时期都曾受到虐待。这是否意味着他们不应当受太多谴责？谁在乎呢？这个问题本身就是不恰当的。他们被虐待的事实鼓励我们阻止虐待儿童的行为，但这并没有改变我们对待连环杀人犯的方式。我们还是要把他关起来，不考虑他过去的不幸。儿童期受虐待并不能成为一个有意义的生物学借口，法官必须采取行动以保障社会安全。

取代可责难性的词语应当是可改正性，它是一个"向前看"的表述。它所定义的问题是：现在我们能够做什么？改造是否可行？如果可行，很好；如果不可行，监禁处罚性判决是否能改变其未来的行为？如果可以，那么就送他去监狱；如果惩罚没用，那么就将此人置于国家的掌控下，目的是使其无法犯罪而非报复。

我的梦想是建立一个以证据为基础的、与神经科学相一致的社会政策，而不是一个基于不断变化的、被证明是糟糕的直觉的政策。有些人想知道，用科学的方法来审判是否不公平，毕竟，人性又在哪里呢？但这种担忧总是会遇到一个问题：还有其他什么样的选择？至少现在看来，长得丑的人比长得帅的人被判的刑期更长；精神科医生没有能力猜测哪些性犯罪者会再次犯罪；监狱充斥着吸毒者，我们本可以通过康复改造而不是监禁来更有效地对待他们。那么，目前的判决真的比科学的、基于证据的方法更好吗？

神经科学刚开始触及一些曾经只存在于哲学和心理学领域的问题的表面。这些问题关注于人们如何做决定以及他们是否真正"自由"。这些问题并非毫无意义，它们将塑造法律理论的未来，以及一个具有生物学知识的法学梦。

Incognito

第 **7** 章

永恒的自我之谜

Incognito

废黜自我意味着什么?

我们是否拥有脱离物理和生物基础的灵魂?

人是细胞、血管、激素、蛋白质和体液的集合吗?

至于人类，那些无数独立的小池塘，有着自己成群的小生命，
　　它们除了是水走出河流之外的一种方式，还能是什么呢？

——洛伦·艾斯利（Loren Eiseley），

《永无尽头的旅程》（*The Immense Journey*）

废黜自我意味着什么

　　1610 年，伽利略用自制的望远镜发现了木星的卫星之后，宗教批评家谴责他的新太阳中心说是对人类地位的废黜。他们并未预测到这仅仅是数次废黜中的第一次。100 年后，苏格兰农民詹姆斯·赫顿（James Hutton）提出的沉积层理论推翻了教会对地球年龄的估计，使地球"老了"80 万倍。不久之后，达尔文将人类"降级"为仅仅是庞大动物王国里的一个分支。20 世纪初，量子力学彻底改变了人们对现实结构的看法。1953 年，弗朗西斯·克里克（Francis Crick）和詹姆斯·沃森（James Watson）解码了 DNA 的结构，通过可以用 4 个字母的序列写下来并储存到电脑里的东西，代替了神秘的生命幽灵。

　　过去一个世纪里，神经科学已经证明意识不是人行为的掌舵人。仅仅在人从宇宙中心"跌落"的 400 年后，人们又经历了从自己的中心跌落的体验。

在第 1 章，我们了解到意识接触到大脑中的工作机制是很慢的，而且经常接触不到；另外，人们看到的世界并不完全是它真实的样子：视觉是大脑的功能，而它唯一的任务就是对处于我们可与之交互的尺度上的对象进行有用的描述，而这个对象可以是成熟的水果、熊、伴侣等。视错觉揭示了一个更深层次的概念：我们的想法是由自己无法直接接触的大脑机制产生的。有用的程序被深深刻录进大脑回路，而一旦被定格在那里，我们就不能再接触它们了。而意识的作用似乎是决定被刻录进脑回路的目标，除此之外，它的用途很少。在第 5 章，我们了解到，意识包括很多不同的系统，这也就解释了为什么你能够咒骂自己，嘲笑自己，和自己签订合约。在第 6 章，我们了解到，当受到重击、患上肿瘤、接触致幻毒品，或者发生各种可以改变其生物属性的事件时，大脑可以以非常不同的方式运转。这就改变了我们对可责难性的简单的理解。

紧接着，一个使人烦恼的问题在众多想法中显现了出来：在所有这些都被废黜之后，留给人类的还有什么？对一些思考者来说，随着宇宙的无尽性变得越来越明显，人类的无关紧要性同样也变得越发明显，实际上，人类的重要性开始降低到近乎为零。我们也更清晰地认识到，人类文明的时间量度在这颗星球多种生命的漫长历史中仅代表一个瞬间。而这颗星球，在宇宙的浩渺中，犹如沧海一粟。从现在开始的 2 亿年以后，这颗强盛、丰饶的星球将会在太阳的扩张中毁灭。正如莱斯利·保罗（Leslie Paul）在《人类的毁灭》（*Annihilation of Man*）中所写的那样：

> 所有的生命都会死亡，所有的意识都会终结，就像它们从未出现过一样。老实说，这就是进化的目标，这就是那些喧闹的生存与死亡"仁慈的"结局……所有生命都不过是在黑暗中一次偶然的碰撞中出现的，然后又消失殆尽。最终的结局……是完全剥夺一切意义。

在构建了诸多"王座"又从其上全部坠落之后，人类环顾四周，想知道自己是否偶然地生长于一个盲目的、毫无目的的宇宙进程中。人们努力寻求或挽回某种目的，就像神学家 E. L. 马斯科尔（E. L. Mascall）所写的一样：

在当今的世界中，对有教养的西方人来说，他们面临的困难是说服自己他们在宇宙中拥有某种被特别安排的地位。我认为，目前许多非常普遍、令人痛苦的精神错乱症都起源于此。

海德格尔、雅斯贝斯（Jaspers）、舍斯托夫（Shestov）、克尔凯郭尔、胡塞尔等众多哲学家都争抢着指出那种似乎在这些"废黜"之后留给人类的无意义。加缪在 1942 年出版的《西西弗神话》（Le mythe de Sisphy）中介绍了他的荒诞哲学，书里的人在一个本质上无意义的世界中寻找意义。在这本书中，加缪提出，哲学唯一的真正问题只在于是否要自杀。他最终得出的结论是，人不应该自杀；相反，人应该活着去反抗这种荒诞的生活，即便它总是没有希望也不应放弃。他很有可能是被迫得出这个结论的，因为相反的结论会阻碍他的书的畅销，除非他遵循自己的指示——这是一个棘手的窘境。

我认为，哲学家可能把那些关于"废黜"的问题看得过于严重了。在这些"废黜"之后，真的什么也没有留给人类吗？情况似乎是相反的：我们进一步探究就会发现比现在已经知道的更为广博的思想，同样，我们也开始发现微观世界的迷人与宇宙不可思议的量度。"废黜"的举动为我们呈现出了那些比人类更宏大的东西，比我们原先预想的更美妙的想法。每次发现都教会我们，现实远远超出人类的想象与猜想。这些进步削减了作为未来神谕的直觉和传统的力量，取而代之的是更富有生产力的想法、更宏大的现实、层次更新的敬畏。

在伽利略发现人不是宇宙的中心的情况下，我们知道了一些更宏伟的东西：太阳系是亿万星系中的一个。就像我之前提到的那样，即使生命只出现在十亿分之一的星球上，也意味着宇宙中可能存在着数以百万计的拥有生命活动的星球。对我来说，与其孤独地处于中心，被冷漠、遥远的星光之灯环绕，不如拥抱这种更宏大、更光明的概念。这种"废黜"带来了一种更丰富、更深远的理解，人类虽然失去了自我中心方面的王权，却被意外和惊奇平衡了。

与此类似，了解地球的年龄打开了我们先前无法想象的时间前景，接着又打开了理解自然选择的可能性之门。现在，自然选择理论被广泛运用于全球范围的实验室，研究者会挑选菌群来与疾病做斗争。量子力学为我们提供了晶体管（电子工业的核心）、激光、磁共振成像、二极管以及 USB 闪存的存储技术，并且可能很快就能实现量子计算、通道、远距离即时传送的变革。对 DNA 和遗传分子学基础的理解，已经能让我们用半个世纪前无法想象的方式对疾病进行精准的靶向治疗。通过认真对待科学发现，我们已经根除了天花，实现了月球旅行，并且开展了信息革命。我们将寿命延长了 3 倍，而通过在分子学层面对疾病的靶向治疗，不久之后，我们就能将平均年龄提升到 100 多岁。"废黜"通常等同于进步。

在对意识层面"废黜"的情形下，我们在理解人类行为方面取得了巨大的进展。为什么我们会觉得某个事物美丽？为什么我们不擅长逻辑？当我们生自己的气时，谁在咒骂谁？为什么人们会沦陷于诱惑或可变利率抵押贷款？为什么我们能够很好地驾驶汽车却无法描述这个过程？这种对人类行为理解的进步，能够直接转换到社会政策的进步上。比如，理解大脑对设置激励很重要。回忆一下第 5 章，人们会和自己协商，签订无限期的尤利西斯合约。这就导致了像"节食计划"那样的概念：那些想要节食的人可以将一大笔钱交由第三方保管，如果在特定期限内完成了减肥目标，那么他们就能拿回这笔钱，否则他们就会失去这笔钱。这种结构使人们能够在清醒的时候获得对抗短期决策的支持，毕竟他们知道自己的"未来自我"会被诱惑着毫无顾忌地吃东西。明白人类天性中的这一特性使这类条约能够被有效地引入各个领域，比如，让一个雇员抽取月薪的一小部分放入个人退休账户。通过做出上述决定，他就能抵抗立刻花完钱的诱惑。

对内心世界更深入的理解，同样给了我们对哲学概念更清晰的认识。以美德为例，几千年来，哲学家一直在追问：美德是什么？我们能做什么去提高自身的美德？"政敌团队"框架使其取得了新的进展。我们通常可以把大脑中竞争性的元素理解为引擎和刹车：一些元素驱使着你进行一些活动，另一些元素则试图阻止你。一开始，人们可能会认为美德意味着"不想做坏事"。但在一个更细致的框架下，我们会发现，有道德的人也可能拥有强烈的罪恶的冲动，只是他同样拥有足够的"刹车"力量来克服它。同样，有道德的人可能只受到了极其微小的诱惑力，并不需要很强的"刹车"能力。但人们可能会认为，更有道德的人是与诱惑进行更激烈斗争的人，而非从未受到诱惑的人。这种方法只有在我们对大脑中的竞争有更清楚的认识后才会成为可能，而如果我们相信人类只有单一思维，这种方法就不可能出现。有了新的工具，我们能够考虑不同脑区间的一种更细微的斗争，以及这些斗争最终如何倾向于其中一方。这为我们修复法律体系呈现了新的机会：当明白大脑是如何真正工作的，以及为什么抑制控制在一部分人身上会失败，我们就能够发展出直接的、新的策略来增强长期决策能力，以及让有利于长远利益的一方赢得斗争。

　　除此之外，对大脑的理解有可能将我们提升到一个更开明的量刑体系中。正如在之前的章节中所认识到的，我们将会用一个实用的、具有前瞻性的"矫正型"体系，如思考这个人之后会做什么，而非"追溯型"体系，如思考这个人在多大程度上有罪，来代替存在问题的可责难性概念。有一天，司法体系可能会用如同医学研究肺、骨骼问题那样的方式，去处理神经和行为的问题。这种生物学现实性并不能清除犯罪，但是会引入理性量刑，并为罪犯定制矫正方式。对神经生物学更好的理解可能会带来更好的社会政策，但是，它对理解我们自己的生活有什么意义呢？

我们真能认识自我吗

> 认识你自己，不要依赖上帝的审视。
> 要正确地理解人类，只有靠人类自己。
> ——亚历山大·蒲柏（Alexander Pope）

　　1571 年 2 月 28 日这一天，是法国散文家蒙田 38 岁的生日，这个早晨，他做了一个改变其人生轨迹的决定。他退出了公共领域的事业，在他巨大的房产后面的一座塔楼里建立了一个拥有 1 000 多本图书的图书馆，并用他余下的时光写作 "他自己" 这一他最感兴趣的、复杂的、短暂的、多变的主题的相关散文。他的第一个结论是，进行试图认识自己的探究是傻瓜的差事，因为自我在不断地变化，并且总是领先于固定的描述。但是，这并没有阻止他继续探索，而他的问题在几个世纪里都产生了共鸣：我知道什么？

它曾经是，并且仍然是一个好问题。对于内心世界的探索的确使我们省悟到自身最初的、简单的、直觉性的关于认识自己的概念是错误的。我们发现，与来自内在的努力（内省）一样，自我认知需要同样多的来自外界的努力（以科学的形式）。这并不是在说我们不能够在内省中变得更好，毕竟，我们可以学会像一位画家那样关注自己真正看到的美景，我们也可以像一位瑜伽修习者那样，更靠近自己的内心信号。但是内省有局限。以肠神经系统为例。外周神经系统用 1 亿个神经元控制着你的肠道。对于这 1 亿个神经元，你所有的内省都无法接触到。或者，更可能的是，你不想让它接触到。它最好像自动的、最优化的机器那样运行，在你的肠道里循环食物并且提供化学信号来控制消化工厂而不用询问你的意见。

除了缺乏途径，另一种可能是我们在阻碍自身接触。我的同事里德·蒙塔古曾经猜测，人可能拥有将自我意识隔绝在自己之外的算法。比如，电脑拥有操作系统无法抵达的引导扇区（boot sector），因为它们对于电脑的运行太重要了，因此不能让其他任何较高级别的系统在任何情况下找到进路和获准进入。蒙塔古指出，无论何时，当对自己思考得太多时，我们就倾向于 "闪退"，而这可能是因为我们距离大脑的引导扇区太近了。正如拉尔夫·沃尔多·爱默生（Ralph Waldo Emerson）在一个世纪前所写的那样："一切都在将我们同自己隔绝开。"

大部分人都停留在自我的观念和选择之外。试想一下，假如改变你对美和吸引力的感觉会如何。如果社会要求你对现在不吸引你的性别的某个人产生并保持爱慕，将会发生什么呢？或者超出你现在喜欢的年龄范围的某人呢？或者超越你的物种呢？你能做到吗？这是存疑的。你最基础的内驱力被编织进神经系统中，而你无法触及它们。你发现有些东西比其他东西更具吸引力，但你并不知道为什么。

就像肠神经系统和被吸引感，对你来说几乎整个内心世界都是陌生的。突然冒出的主意、白日梦里的想法、梦里古怪的内容，所有这些都是从头脑里一个看不见的洞穴中冒出来的。

那么，在德尔斐阿波罗神庙前庭上刻着的希腊箴言"γνώθι σεαυτόν"（认识你自己），又意味着什么呢？我们能否通过研究神经生物学更深入地认识自己呢？能，但需要注意几个问题。面对由量子物理学展现的深刻谜题，物理学家尼尔斯·玻尔（Niels Bohr）曾经指出，对原子结构的理解只可能通过改变"理解"的定义来实现。人类的确不可能再画出一个原子的图像，但相对来说，人类现在能够在小数点后 14 位的水平上预测原子的行为。抛弃一些假设，取而代之的是更丰富的东西。

同样，认识自己可能需要改变"认识"的定义。要"认识你自己"，需要认识到"有意识"的你只占据大脑这栋大楼很小的一部分，并且对大脑建构出的现实控制力极小。"认识你自己"的祈愿需要以新的方式重新考虑。

假设你想要更多地了解希腊箴言"认识你自己"背后的思想，而你请我更深入地解释，如果我说，所有你需要了解的都在这些字母里，你可能并不会觉得有用。如果你不认识希腊语，这些字母就只是随意的形状而已。而即使你的确认识希腊语，箴言也仍然有许多超出字母的意义。你可能想要了解它产生的文化、对内省的强调、对通向启示的途径的建议。理解这个短语不能简单地停留在字母上。同样，当我们面对数以十亿计的神经元和它们之间百万亿的蛋白质及化学信号时也一样。从完全不熟悉的角度认识自己意味着什么呢？我们即将了解到，要认识自己，除了需要神经生物学的数据，我们需要更多东西。

生物学是一个极好的手段，但它有局限性。想象一下，当你的爱人为你读诗时，在他的喉咙上放一台医疗显微镜。近距离观察爱人的声带，黏糊糊的，有光泽，来回收缩。在感到恶心之前（或早或晚，取决于你对于生物学的忍耐度），你都可以一直研究下去，但这并不会让你更进一步理解为什么你喜欢夜晚的枕边话。就其原始形态而言，生物学本身仅仅提供了部分洞察力，这也是我们目前所能做到的最好的了，但这远远不够。让我们更详细地来了解一下。

我们是否拥有脱离物理和生物基础的灵魂

有关脑损伤最著名的案例之一，是有关一位 25 岁的铁路工人——菲尼亚斯·盖奇（Phineas Gage）的。1848 年 9 月 21 日，《波士顿邮报》刊登了一篇关于他的报道，标题为《可怕的事故》（Horrible Accident）：

> 菲尼亚斯·盖奇是拉文迪什铁道上的一名工人。昨日他进行了一场爆破，由于粉尘爆炸，当时他正在使用的一根直径约 3.2 厘米、长约 110 厘米的铁棍穿过了他的头部。这根铁棍从他的面部进入，粉碎了上颌，穿过左眼，最终从头顶穿出。

之后，这根铁棍掉到了 20 米以外的地面上。尽管盖奇不是第一个头骨被刺穿、一部分大脑被穿刺物带出来的人，但他是第一个幸存下来的人。而且，盖奇甚至没有失去意识。

第一位到达的医生是爱德华·威廉斯（Edward H. Williams），他不相信盖奇对事故的描述，而是"认为他（盖奇）被误导了"。但不久后，当"盖奇先生起身呕吐，呕吐的力量挤压出了一块半个茶杯大小的大脑，并掉在地上"时，威廉斯意识到了事故的严重性。

研究此案例的哈佛大学外科医生亨利·雅各布·毕格洛（Henry Jacob Bigelow）注意到，"这个案例的主要特点是其不可能性……（它）是外科手术史上前所未有的"。《波士顿邮报》用一句话总结了这个案例的不可能性："与此悲剧相关的最异常的情况是，盖奇在当天下午 2 点还活着，而且充满理智，毫无痛苦。"

仅仅因为盖奇存活了下来，这个事件就足以构成一个有意思的医学案例了；加上它暴露出了一些其他的东西，它更成了一个著名的案例。事故发生 2 个月后，他的医生报告说，盖奇"从各个方面来说都感觉好多了……在房子里走来走去，说自己没有感觉到头痛"。但这也为一个更大的问题埋下了伏笔，医生也注意到盖奇"如果能控制自己的话，他表现出了某种康复的迹象"。

"如果能控制自己的话"是什么意思呢？事实上，事故发生前，盖奇是他们团队中"最受欢迎的"，并且雇主因为他是"所有雇员中最高效、最有能力的"而雇用的他。但是在盖奇的大脑变化后，雇主认为"他脑中的变化如此显著，以至于他们不能再给他相同的职位了"。正如负责治疗盖奇的医生约翰·马汀·哈洛（John Martyn Harlow）在 1868 年所写的那样：

> 可以这么说，他的理性与本能之间的均衡或平衡似乎已经被破坏了。他性情多变、无礼，有时脏话连篇（他本来没有这些习惯），不尊重同事，对约束和与其欲望相悖的建议没有耐心，有时很固执，反复无常、犹豫不决，为未来的行动做很多的规划，但还没有实施就因为有了其他更可行的规划而放弃。他有强壮男人一般的热情，但其智力和表现却像孩子一样。在他受伤之前，尽管没有受过学校的训练，他的大脑的平衡感还是很好的。认识他的人都将他看作一个精明的、聪明的商人，非常有活力，在执行行动规划方面很有毅力。就这一点而言，他的思维被彻底改变了，以至于他的朋友和熟人说他"不再是盖奇"。

在这之后的 100 多年里，我们目睹了很多自然造成的悲剧：脑卒中、肿瘤、退化以及各种各样的脑损伤，造成了许多类似菲尼亚斯·盖奇的案例。这些案例都说明：你大脑的状态定义"你是谁"。除非你大脑的零件处在恰当的位置，否则你的朋友认识并爱的那个"你"就不存在。如果你不相信这一点，可以去任何一家医院的任何一个神经病房看一看。即使大脑中非常小的损伤也能导致特定能力的丧失，比如命名动物的能力、听音乐的能力、管理风险行为的能力、辨认颜色的能力，或者做简单决策的能力。我们已经见识过很多类似的例子，比如有关丧失运动视觉的患者（第 2 章）、丧失管理风险行为能力的患帕金森病的赌徒和患额颞叶痴呆症的偷盗者（第 6 章）。他们的本质都因为大脑的改变而改变了。

所有这些都指向一个关键的问题：我们是否真的拥有一个脱离物理生物基础的"灵魂"？或者说我们只是一张宏大而复杂的生物网络，自动地产生希望、抱负、梦想、欲望、幽默和激情？地球上大多数人支持"非生物的灵魂"这一说法，然而大多数神经科学家支持另一说法：其本质是一种自然的性质，来自庞大的物理系统，没有别的东西。虽然我们不确定哪一个回答是正确的，但是类似盖奇的例子对这个问题起着举足轻重的作用。

唯物主义的观点认为，从根本上说我们完全是由物理性物质构成的。从这个观点看，大脑就是一个行动取决于物理法则和化学法则的系统，所有的想法、情绪和决定都遵从着类似高势能转化为低势能的法则，是自然反应的结果。我们就是大脑和其化学物质本身，并且神经系统的每个连接都会改变我们是谁。唯物主义的一个普遍观点是还原论（reductionism）。这种理论提出了一种可能性，即我们可以通过将问题依次降至更小的生物层面来了解复杂的现象，例如幸福、贪婪、自恋、同情、恶意和获得关注。

乍一看，还原论的观点在很多人听起来很荒唐。我在乘坐飞机时会询问坐在我身边的陌生人对于这件事的看法。他们会说："你看，所有这些东西，比如我是如何爱上我妻子的、为什么我选择现在的工作以及所有其他的事情，都与我大脑的化学物质无关。这就是我。"他们认为，人的本质和一团软乎乎的细胞组织（大脑）之间的联系相当遥远。毕竟他们的决定来自他们自己，而不是一堆通过不可见的小回路串联起来的化学物质。

当我们遇到更多类似盖奇这样的例子，或者当我们把焦点集中在那些能够改变人格的、对大脑产生影响的其他方面（比铁棍更微妙）时，会发生什么呢？

以麻醉剂为例。它所包含的具有强大影响力的小分子会改变人的意识，影响人的认知，操纵人的行为。我们成了这些分子的奴隶。烟草、酒精和可卡因都是以调控情绪为目的而被普遍使用的。如果我们原本一无所知，那么仅仅是麻醉剂的存在就能给予我们需要的证据：人的行为和心理能够在分子层面被控制。这些药物可以与大脑中特定的神经网络相互作用，其中就有"记录奖励事件"，比如，用一杯冰茶缓解干渴，赢得某个人的微笑，解决一个困难的问题，或听到一声"干得好！"。通过将积极的结果与相关行为联系起来，这个广泛的神经回路（中脑边缘多巴胺系统）能学会如何在生活中优化行为。它帮助我们得到食物、择偶，同时也帮助我们做出日常决策。①

脱离情境来看，可卡因是一种完全无趣的分子，由 17 个碳原子、21 个氢原子、1 个氮原子、4 个氧原子组成。可卡因之所以成为可卡因，是因为其偶然的形状恰好与大脑中奖赏回路的微观机制相吻合。以下 4 种主要的滥用药物都是一样的道理：酒精、尼古丁、精神兴奋剂（如安非他命）和阿片类药物（如吗啡）。通过某种途径，它们都会进入奖赏回路。通过手臂注射进入中脑边缘多巴胺系统的物质具有自我强化的作用，使用者会为了得到这种分子形状而抢劫商店和他人。这些化学物质的魔力作用在比人类头发窄 1 000 倍的区域上，会令使用者感到万夫莫敌和愉悦。通过进入多巴胺系统，可卡因和与其类似的物质会占领奖赏回路，"告诉"大脑这是可能发生的最好的事情。这个古老的回路

① 这个奖赏回路的基本结构在进化过程中基本没发生改变。蜜蜂的大脑的奖赏回路与人类的一样，只是硬件更加紧凑。

就这样被劫持了。

可卡因分子是穿过盖奇大脑的铁棒的几亿分之一，但结论是相同的："你是谁"取决于整个神经生物基础的总和。

多巴胺系统只是上百个例子中的一个。其他几十种神经递质（如血清素）的水平让你相信：自己是谁至关重要。如果你患有临床抑郁症，医生可能会给你开一种名为选择性血清素再摄取抑制剂（SSRI）的药物，如氟西汀、舍曲林、帕罗西汀或西酞普兰。要想知道这些药物如何起作用的所有信息，你可以从"摄取抑制剂"一词中获得。通常，被称为转运蛋白的通道从神经元之间的空间吸收血清素，抑制这些通道会导致大脑中血清素浓度升高。血清素浓度升高会直接影响人的认知和情绪。一开始还在床边哭泣的人，在服用这些药物后，可以站起来、洗澡、重新获得工作，以及修复与身边人的健康关系。这都是神经递质系统的细微调整引起的。如果这个例子还不够普遍，接下来的内容将会让你更容易理解这种现象的怪异之处。

不止神经递质这一种因素会影响你的认知，荷尔蒙的作用也一样。这种无形的小分子在血液中流动，并在它们"造访"的每一处引起骚动。如果给雌鼠注射雌激素，它会开始寻找性伴侣；如果给雄鼠注射睾酮，会导致其产生攻击行为。在之前的章节中，我们了解了摔跤手克里斯·贝诺特。他服用了大量的睾酮，由于激素引起了他的狂怒，他杀害了自己的妻子和孩子。在第4章，我们认识到了加压素与忠诚有关。还有另一个例子，伴随月经周期的激素波动。

曾经，我的一个女性朋友由于正处在月经周期，她的情绪下降到低谷。她的脸上浮现出苍白的微笑并且说："你知道吗，一个月中有几天我不是我了。"作为一名神经系统科学家，她稍微思考了一下，然后补充道："或者说这才是真正的我，事实上，一个月中的另外 27 天，我是另一个人。"说完我们都笑了。她并不害怕将自己看作其化学物质的总和。她明白我们所认为的"她"更像是一个平均版的"她"。

所有这些导致了一个奇怪的自我观念。由于我们的大脑会出现异常的波动，有时候会发现自己更为急躁、幽默、健谈、平静、有活力，或者思维更清晰。我们的内在环境和外在行为受到生物基础的引导，既不能直接接触，也不能直接认识。

影响人精神世界的物质不只有化学物质，还包括一些神经回路的细节。以癫痫为例，如果癫痫发作主要是由颞叶的局部区域引起的，患者就不会出现运动性发作，而是表现得更微妙。这种癫痫像是一种认知性癫痫，患者会表现出人格的改变、宗教与道德狂热（对宗教的痴迷和确信）、强迫书写症（针对某个主题大量写作，通常是关于宗教的）、错误的外部存在感知，以及经常听到某种声音并认为它来自上帝。历史上的一些先知、烈士和领袖都表现出了颞叶癫痫的症状。

尽管不可能确定无疑地进行回顾性诊断，但患者典型的报告、与日俱增的宗教狂热等显然与颞叶癫痫密切相关。当大脑中某个点被激活时，人们会听到声音；如果医生开了抗癫痫的药物，那么这种症状就不会再发作了，声音也会消失。由此可见，我们的认知依赖于生物特性。

另外，微小的非人类生物也会对人的认知与行为产生影响。病毒和细菌等微生物通过一些特定的方式支配人的行为，它们在人的体内进行"看不见的战争"。我经常拿来分享的有关微生物支配庞大动物行为的一个例子是狂犬病毒。一只哺乳动物咬了另一只之后，这种微小的子弹形病毒就会设法沿着神经进入大脑颞叶。它们进入局部神经元，并且通过改变局部的行为模式来诱导宿主产生攻击性、愤怒和咬人的倾向。这种病毒还会进入唾液腺，这样，它就可以通过宿主的撕咬行为传播到下一个宿主身上。通过操纵动物的行为，这种病毒确保了自己能够传播到其他宿主身上。试想一下：这种直径仅为 75 纳米的病毒，通过操控一只比它大 2 500 万倍的动物而存活。这就好像你发现了一只高达 45 000 千米的生物，并且巧妙地让它屈从于你。由此可知，大脑内部无形的微小变化可以导致行为的巨大改变。也就是说，我们的选择与大脑中最微小的细节密不可分。

再举一个例子：亨廷顿舞蹈症。患有这种疾病的患者，额叶皮质会不知不觉退化，而这会导致性格的变化，如表现出攻击性、性欲亢进、冲动行为和漠视社会规范。这些症状会持续数年，继而出现更明显的肢体运动症状。需要注意的是，亨廷顿舞蹈症是由单个基因突变引起的。正如罗伯特·萨波尔斯基总结的那样："在人生命周期过了一半左右时，成千上万的基因中的一个发生变化，就会导致剧烈的人格改变。"面对这样的例子，除了认为人的本质依赖生物特性的细节，还能得出其他结论吗？你能让亨廷顿舞蹈症患者用"自由意志"来制止自己奇怪的行为吗？

可见，麻醉剂、神经递质、激素、病毒和基因，这些物质可以用它们的"小手"控制我们的行为。只要你喝醉了，或者你的基因发生了突变，那么你的行为就会失控。你尽力试着阻止，但生理的改变还是导致了你的改变。鉴于这些事实，我们是否拥有"选择"自己想成为什么样的人的权利就很难说了。正如神经伦理学家玛莎·法拉（Martha Farah）所言，如果抗抑郁药能帮助我们从容应对日常问题，如果兴奋剂能帮助我们在最后期限前完成任务并在工作中信守承诺，那么，从容的气质和认真负责的性格就不能成为人身体的特征吗？如果是这样，还有什么不是身体的特征呢？

你是什么样的人取决于庞大的多因素网络，目前我们仍然无法确定各种行为背后的分子机制。然而，尽管复杂，你的世界还是与你的生物特性直接联系在一起。如果有灵魂这回事，它至少也与微观细节紧密关联。无论我们还能发现什么，我们与自己的生物特性之间的联系是毋庸置疑的。从这个观点看，你就知道为什么生物还原论在现代脑科学中有强大的基础。但是，还原论远不是全部。

为什么说大脑不是决定自我的唯一因素

大多数人都听说过人类基因组计划，该计划将人类的遗传基因成功地解码为数十亿的字母序列。该项目是一项具有里程碑意义的成就，获得了其应得的荣耀。

然而，并非所有人都知道，这个项目在某种意义上是失败的。研究者已经对整个代码进行了排序，但没有像他们所希望的那样，找到人类独有的基因。相反，他们发现了一本用于构建生物有机体零件的"大型说明书"。他们发现，其他动物的基因组与人类的基本相同，因为它们由相同的零件组成，只是配置不同。尽管人类与青蛙有天壤之别，但人类基因组与青蛙基因组没有太大的不同。虽然人类和青蛙起初看起来完全不同，但请注意，两者都需要建造眼睛、脾脏、皮肤、骨骼、心脏等配置，因此两者的基因组并没有太大的不同。想象一下，去不同的工厂检查所用螺丝的螺距和长度，你根本无法从中得知最终产品的功能，比如它究竟是烤面包机还是吹风机，毕竟两者具有相似的元件，只是功能有所不同。

研究者没有得到希望得到的答案，这并不是对人类基因组计划的批评；相反，它只是第一步。但是应当承认，对这个重要的问题，不断进行还原和简化研究注定会白费力气。

再回到亨廷顿舞蹈症的例子。一个单独的基因就决定了你是否会患上这种疾病。这听起来像证明了还原论的成功。但亨廷顿舞蹈症只是极少数的例子之一。将疾病归结为单一基因突变是非常罕见的：大多数疾病是多成因的，也就是说它们是数十甚至数百种不同基因共同导致的。随着科学技术的发展，我们发现，不仅基因的编码区域很重要，它们之间的区域——曾经被认为是"垃圾"的 DNA，也很重要。大多数疾病似乎都是许多微小变化以极其复杂的方式结合形成的"风暴"引起的。

但情况远比多基因问题更糟糕：基因组的作用只有在与环境相互作用的情况下才能真正被理解。以精神分裂症为例，研究团队几十年来一直在寻找与这种疾病相关的基因。他们发现了吗？当然发现了，但是有数以百计的基因。如果携带这些基因中的任何一个，是否能够预测谁会在年轻时患上精神分裂症？很难。用单个基因突变来预测，还不如护照的颜色。

护照颜色与精神分裂症有什么关系？事实证明，移民到新国家的社会压力是导致精神分裂症的关键因素之一。在各国的研究中，在文化和外貌上与主流群体差异最大的移民群体风险最高。换句话说，社会大众的接受程度越低，移民者患精神分裂症的可能性就越高。具体原因尚不清楚，可能是社会排斥扰乱了多巴胺系统的正常功能。但即便如此，也并不能说明全部，因为在单一的移民群体中，对自身与主流群体的种族差异感觉更糟的人更有可能患精神分裂症，为自己民族的文化遗产感到自豪的人则心理状态更好。

这个发现令许多人感到惊讶。精神分裂症是由基因决定的吗？答案是，基因起着重要作用。如果基因产生了具有略微奇怪的形状的零件，当整个系统被放入特定的环境时，它的运行方式可能就会不正常。在其他环境中，零件的形状可能无关紧要；但当上述的情况发生时，一个人会发展成什么样绝不仅仅取决于 DNA 中记载的分子信息。

我们在前文说过，如果携带 Y 染色体，暴力犯罪的可能性要高 828%。这是事实，但更重要的是：为什么不是所有的男性都会犯罪？实际上只有 1% 的男性被关进监狱。这是怎么回事呢？

答案是，单凭对基因的了解不足以预测很多行为。在马里兰州乡村，研究员斯蒂芬·索米（Stephen Suomi）在自然环境中饲养了一群猴子。在这种情况下，他能够观察猴子从出生那天开始的社交行为。

他首先注意到，猴子从很早就开始表达不同的个性。他发现，几乎每一种社会行为都是在 4 ～ 6 个月大的时候，在与同龄伙伴玩耍的过程中发展、实践和完善的。这种发现本身就很有趣，但是索米还进行了激素和代谢物的常规血液检测以及基因分析。

他发现，在幼猴中，有 20% 的个体表现出社交焦虑。它们对新奇的、有轻度压力的社交场合表现出异常的恐惧和焦虑，它们血液中压力激素会持续升高。

索米还发现，5% 的幼猴表现出攻击性。它们表现出冲动和不恰当的好战行为。这些猴子的血液代谢物水平过低，而这与神经递质血清素的分解有关。

经过调查，索米和他的团队发现，猴子有两种不同的基因类型（遗传学家称之为等位基因）参与控制运输血清素的蛋白质，姑且称其为短型和长型。具有短型基因的猴子表现出对暴力的控制不佳，而具有长型基因的猴子表现出正常的行为控制。

但事实证明这只是一方面。猴子的个性发展也取决于环境。猴子有两种养育方式：由母猴养育（良好的环境）或由同龄伙伴养育（不安全的依恋关系）。当它们由同龄猴子抚养时，短型基因的猴子最终成为攻击性强的类型；由母猴抚养时，它们的表现要好得多。对于长型基因的猴子来说，饲养环境似乎并不重要，在任何一种情况下，它们都表现得很好。

对此，我们可以有两种解读。一种认为长型等位基因是一种"良好基因"，可以抵御恶劣的童年环境。另一种则认为，良好的亲子关系以某种方式为原本会变成坏脾气的猴子提供了心理弹性[①]。这两种解释并不是相互独立的，它们都可以归结为同一个重要的结论：基因和环境的组合决定了最终结果（见表 7-1）。

---

① 心理弹性指的是，主体对外界变化了的环境的心理和行为上的反应状态。这是一种动态状态，随着环境的变化而变化。——编者注

表 7-1 猴子行为与基因、抚养环境的关系

	由同龄猴子养育	由母猴养育
短型等位基因	侵略性	良好
长型等位基因	良好	良好

　　随着对猴子研究的成功，人们开始研究人类的基因与环境的相互作用。下面，我们来看几项研究。第一项研究是 2001 年阿夫沙洛姆·卡斯皮（Avshalom Caspi）和他的同事进行的有关是否存在导致抑郁症的基因的研究。他们通过研究发现，在"一定程度上的确如此"。他们了解到，有些基因会让人感到沮丧，但是否真的会使人患抑郁症取决于人们的生活经历。研究人员仔细采访许多人后发现了这一点，采访内容包括受访者生活中发生了哪些重大创伤事件，如失去亲人、重大车祸等。研究人员还对每位受访者进行了基因分析，特别是参与调节大脑中血清素水平的基因。因为每个人都携带着两套基因（父母各一套），所以人们携带的基因型有 3 种可能的组合：短/短、短/长、长/长。结果令人惊讶，短/短组合的受访者易患临床抑郁症，但前提是他们经历了一系列不良的生活事件。如果他们足够幸运，过着幸福的生活，那么携带短/短组合的基因也不会增加他们患临床抑郁症的风险。但如果他们不幸遇到了严重的麻烦，包括完全无法控制的事件，那么他们患抑郁症的可能性是携带长/长组合基因的人的两倍（见图 7-1）。

　　第二项研究关注一个深刻的社会问题：受到父母虐待的孩子长大后往往更容易虐待他人。很多人都相信这个说法，但这是真的吗？孩子携带什么样的基因重要吗？引起研究人员注意的是，一些受虐待的儿童成年后变得有暴力倾向，另一些则没有。当所有明显的因素得到了控制时，这种情况依然存在。因此，童年遭受虐待，就其本身而言，无法预测一个人未来会不会有虐待行为。卡斯皮和他的同事想要知道这些表现出暴力行为的人和没有暴力行为的人为何不同，他们通过研究发现，答案就在于特定基因表达的微小变化。这种特定基因表达程度低的儿童更容易发展出行为障碍，并在成年后更容易成为暴力犯罪分子。如果孩子受到了虐待，这种糟糕的结果发生的可能性会大大增加。如果

孩子携带"坏"基因，但童年时没有受到虐待，他们就不太可能成为虐待者。如果孩子携带"好"基因，那么即使是童年受到了严重的虐待，他们也不一定会继续这种暴力循环。

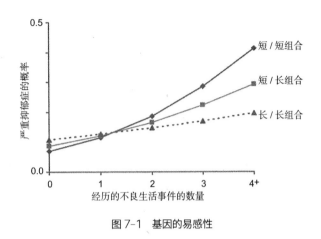

图 7-1 基因的易感性

为什么经历不良生活事件会导致某些人抑郁，而其他人却不会？
这可能与基因的易感性有关。

第三项研究是关于青少年吸食大麻后增加成年后患精神疾病的可能性的。但大麻与精神疾病的这种联系只适用于某些人。现在，你可能猜到了：基因变异决定了人们对疾病的易感性。对于具有某种等位基因组合的人来说，使用大麻与患精神疾病之间存在密切联系；对于具有其他基因组合的人来说，这种联系则相对薄弱一些。

同样，心理学家安杰拉·斯卡帕和阿德里安·雷恩测量了有反社会人格障碍者的脑功能差异，这种人通常完全无视他人的感受和权利，而且在犯罪人群中非常普遍。研究人员发现，当大脑异常与不良环境经历相结合时，反社会人格障碍的发生率最高。换句话说，如果你的大脑存在某些特定的问题，但你生活在一个环境良好的家庭中，那么你可能不会有问题；如果你的大脑没问题但家庭环境很糟糕，那么你可能也不会有问题；但是，如果你有轻微的脑损伤，家庭环境又很差，那么你就不走运了。

这些例子证明了，单纯的生物特性或环境条件都决定不了最终的结果。当涉及先天与后天的问题时，答案几乎总是两者都有。

正如我们在前一章中所了解到的，你既不能选择自己的先天特性，也不能选择后天的成长环境，更不用说它们之间纠缠不清的复杂作用了。你的基因密码是遗传的，在成长最重要的时期里，你无法选择成长环境。这就是人们拥有不同的世界观、不同的个性和不同的决策能力的原因。这些不是由你来选择的，而是你一开始就被发到的"牌"。

前一章强调了在这些情况下分配罪责的难度，本章则重点强调了这样一个事实：决定"我们是谁"的大脑机制并不简单，而科学并没有达到彻底理解心智构成的程度。毫无疑问，思维和生理基础是相互联系的，但纯粹用还原论的方法是不能解释清楚的。

还原论具有误导性，有两个原因。第一，正如我们刚才所见，基因和环境相互作用的复杂性让我们无法完全了解任何个体的发展，包括生活经历、对话、虐待、喜悦、饮食、兴奋剂、处方药、杀虫剂、教育背景等。这太复杂了，未来可能不会有改观。

第二，即使我们与组成身体的分子、蛋白质和神经元紧密相关，就像脑卒中、激素、药物和微生物所证明的那样，但从逻辑上讲，了解人类最好的方法并不是只分析其组成部分。对任何试图理解人类行为的人来说，"我们只不过是组成我们的细胞"这样的极端还原论思想都是没有意义的。**仅仅因为系统由部分组成，并且这些部分对系统的工作至关重要，并不意味着对部分的描述能够正确理解整个系统。**

那么，为什么还原论如此受欢迎呢？要理解这一点，我们需要调查其历史根源。近几个世纪以来，人们见证了决定论的科学思想的发展历程，它们通过伽利略、牛顿等人的决定论方程式不断成长和发展。这些科学家拉动弹簧、滚动小球、放下重物，逐渐地，他们能够用简单的方程预测物体的状态。到 19 世纪，皮埃尔 - 西蒙·拉普拉斯（Pierre-Simon Laplace）提出，如果能够知道宇宙中某一时刻每个粒子的状态，那么就可以计算出整个未来；通过反向推测，则可以了解过去的一切。这个历史性的成功是还原论的核心，从本质上说，它认为对于一切大的事物，都可以通过辨别组成它的更小的部分来理解。根据这种观点来看，人类可以通过生物学来理解，生物学可以分解为化学问题，而化学最终可以通过原子物理学的方程来解释。自文艺复兴以来，还原论一直是科学的引擎。

还原论并不能解释一切，它肯定无法解释大脑与思想之间的关系。这是因为所谓的涌现性。当你把大量的零件组装在一起时，整体可以变成大于总和的东西。例如，组成飞机的各块金属都没有飞行属性，但当它们以正确的方式连接在一起时，就能够飞向空中。如果你试图控制一只美洲虎，那么一根细金属棒不会有太大的帮助，但是将一些金属棒平行排列组成笼子，就有用了。涌现性的概念意味着总体可以具有一些部分所不具有的新特性。

再举一个例子。假如你是一位城市公路规划师，你需要了解所在城市的交通流量：汽车通常会聚集在哪里，人们在哪里加速，以及最危险的交通事故高发地点。你很轻易地就能意识到，要理解这些问题，你需要了解一些司机的心理模型。如果你只研究螺杆的长度和发动机中火花塞的燃烧效率，你将失去工作。因为这些对于理解交通拥堵都是错误的描述。

这并不是说细节无关紧要，它们确实重要。正如我们在大脑中看到的那样，摄入麻醉剂、改变神经递质水平或改变基因，可以从根本上改变一个人的本质。同样，如果你修改螺丝和火花塞，发动机的工作方式不同，汽车可能加速或减速，其他汽车可能会撞到它们。结论很清楚：虽然交通流量取决于零件的完整性，但它并不等同于零件。如果你想知道为什么某一档电视节目很有趣，那么通过研究等离子电视背面的晶体管和电容器，你不会有任何进展。你可能会非常详细地了解电子部件，并且可能学习到一两个关于电的知识，但这对你理解电视节目的乐趣没有用。同样，虽然头脑依赖于神经元的完整性，但神经元本身并没有思考。

这迫使人们重新考虑如何科学地理解和描述大脑。如果研究出一个完整的神经元及其化学物质的性质，那么这能够阐明心灵的秘密吗？恐怕不能。大脑可能不会破坏物理定律，但这并不意味着对生物化学物质的作用的方程进行详细的描述就能正确地描述大脑。正如复杂系统理论家斯图尔特·考夫曼（Stuart Kauffman）所说的那样："沿着塞纳河岸散步的情侣，实际上就是沿着塞纳河岸散步的情侣，而不仅仅是运动中的微粒。"

人类的生物学理论不能简化为化学和物理学，而必须通过其自身的词汇来理解，如进化、竞争、奖励、欲望、声誉、贪婪、友谊、信任、饥饿等，就像道路交通不能仅仅通过螺钉和火花塞这些词汇来描述，而需要诸如速度限制、高峰时间、道路愤怒和下班后人们想要尽快回家的愿望等概念来描述。

神经元件不足以完全理解人类经验的另一个原因：大脑并不是决定"你是谁"的唯一生物因素。大脑与内分泌系统和免疫系统持续双向沟通，这可以被视为"广义的神经系统"。同样，广义的神经系统与影响其发展的化学环境密不可分，包括营养、含铅油漆、空气污染物等。而且，你是复杂社交网络中的一部分，每次互动都会改变你的生理状态，你的行为反过来也可以改变他人。由此，边界问题值得深思：我们应该如何定义"你"？"你"从哪里开始，在哪里结束？唯一的解决方案是，将大脑视为最密集的"你"。它是山的顶峰，但不是整座山。当我们谈论"大脑"和行为时，其实是对某种事物的"速写"，更广泛的社会－生物系统都会做出贡献。大脑是思维的中心，但不包含全部的思维。

所以，沿着通往微观方向的单行道前进是还原论者犯的错误，我们要避免这样的陷阱。每当看到诸如"你是你的大脑"这样的简单陈述时，你不要认为神经科学只能将大脑理解为大量的原子集群或巨大的神经元丛；相反，理解人类心灵的未来在于破译存在于大脑"软件"层面之上的活动模式，那些由内部机制和周围世界的相互作用造就的模式。世界各地的实验室正在努力弄清楚如何理解物理物质与主观经验之间的关系，但是还有很长一段路要走。

20 世纪 50 年代早期，哲学家汉斯·赖兴巴赫（Hans Reichenbach）指出，人类即将得到对世界完整的、科学的、客观的描述——这是一种"科学哲学"。60 多年过去了，我们现在到达这个目的地了吗？还没有。

事实上，还很远。对于一些人来说，好像科学即将弄清一切。实际上，授权机构和大众媒体给科学家施加的压力很大，他们假装主要的科学问题都即将得到解决。但事实是，我们正处在一个充满疑问的领域，而这个领域一直延伸到视线尽头。

这表明，在探索科学问题时我们需要开放性。举一个例子，量子力学领域有观测的概念：当观测者测量光子的位置时，就使粒子的状态坍缩到一个特定的位置，而就在前一瞬间，它还处于无穷的可能性之中。到底什么是观测？人类的思想是否能与宇宙中的物质相互作用？这是一个完全未解决的科学问题，它将带来物理学和神经科学之间重要的交叉领域。大多数科学家目前将这两个领域分开，而令人遗憾的是，试图更深入研究它们之间的联系的研究人员往往最终会被边缘化。许多科学家会像这样取笑说："量子力学是神秘的，意识是神秘的；因此，它们肯定是同一件事。"这种不屑一顾的态度对于这个领域很不利。要明确的是，我并不是说量子力学和意识之间一定存在联系。我是说可能存在联系，而过早的否定不符合科学探究和进步精神。当人们宣称经典物理学可以完全解释大脑功能时，要认识到这仅仅是一种说法——在科学的任何阶段，我们都很难知道还缺少的到底是哪块拼图。

举个例子，我称之为大脑的"无线电理论"。假如你是一个卡拉哈里沙漠的人，你偶然在沙地上发现了一台晶体管收音机。你可能会把它捡起来，旋转旋钮，突然间，你惊讶地听到声音从这个奇怪的小盒子里传了出来。如果你有好奇心和科学思维，可能会试着搞明白发生了什么。你撬开后盖，发现一小堆电线。假设你开始仔细、科学地研究发出声音的原因。你注意到每次拔出绿线时，声音都会停止。当你将电线放回触点时，声音会再次响起。红线也一样。将黑色线圈拽出来会导致声音变得混乱，而移除黄线会使音量减小。仔细检查所有组合，你会得出一个明确的结论：声音完全取决于电路的完整性，改变电路就会损坏声音。

你对自己的新发现感到自豪，毕生致力于开发一种科学的方法，通过某种配置的电线产生神奇的声音。在某些时候，一个年轻人会问你一些简单的问题，比如为什么电信号回路能够产生音乐，你承认自己不知道，但你坚持认为科学将会解决这个问题。

你的结论受到以下事实的限制：你对无线电波以及更常见的电磁辐射一无所知。事实上，在遥远的城市中有一些被称为无线电信号塔的建筑，它们通过发射以光速传播的无形电磁波来发送信号。你对此感到很陌生，以至于甚至无法想象它。你不能尝到无线电波，不能看见它们，也不能闻到它们，而且你也没有任何迫切的理由用足够的创造力来幻想它们。即使你曾梦到过传播声音的无形的无线电波，那么你又能说服谁来相信你的假设？你没有技术来证明电磁波的存在，而每个人都有理由指出这是你的责任。

后来你成为一名无线电唯物主义者。你会得出结论，正确的电线配置会以某种方式产生古典音乐和智能对话。你意识不到自己错过了多少东西。

我并不认为大脑就像一个无线电收音机，也就是说，我们是从其他地方接收信号的容器，而我们的神经回路需要各就各位以接收信号。但我得指出，这是有可能的。我们目前的科学中没有任何东西能够排除这一点。我们对此的了解仍然很少，因此必须把这样的概念留在"文件柜"中，而这个文件柜中装满了我们还无法支持或反对的观点。所以，尽管很少有科学家会围绕怪异的假设设计实验，但我们总需要尽可能地提出并培养创意，直到有证据证明某个观点是正确的。

科学家经常谈论简单性原则，如"最简单的解释最可能正确"，也被称为奥卡姆剃刀原则，但我们不应该被简约的论证的"美感"诱惑。这种推理失败的次数并不少于它成功的次数。例如，假设太阳绕地球运行，假设最小尺度的原子与更大尺度的物体按照相同的物理规则运行，这些陈述都非常简洁，但我们最终发现事实并不是这样的。这些观点都受到了简单原则的长期捍卫，然而它们都是错误的。在我看来，从简单性原则出发的论证根本不算论证，它通常会阻止更有趣的讨论。如果历史可以给我们什么指导，那就是不要认为某个科学问题已被彻底解决了。

目前，大多数神经科学家赞同唯物论和还原论，将人看作细胞、血管、激素、蛋白质和体液的集合，一切都遵循化学和物理学的基本定律。每天，神经科学家进入实验室，带着"足够理解部件就能理解整体"的假设工作。这种"将一切分解到最小单元"的方法在物理学、化学和电子设备逆向工程中取得了成功。

然而我们没有得到任何有效的保证，即这种方法将在神经科学中发挥作用。大脑具有个体性、主观性，与我们迄今为止所解决的任何问题都不同。任何用还原论方法处理问题的神经科学家都没有理解问题的复杂性。请记住，我们之前的每一代人都认为他们拥有了解宇宙的主要工具，但他们都错了，无一例外。试想，在理解光学之前尝试构建一个彩虹理论，或者在发现电能之前先了解闪电，或者在发现神经递质之前解决帕金森病。认为我们是出生在各种科学假设均已成真的美好时代的第一代人，这可能吗？或者更有可能的是，在

100 年后，人们回顾我们的时代，会感慨我们对于他们所熟知的东西一无所知。就像第 4 章中盲人的例子一样，我们感受不到一个黑洞，相反，我们并不知道自己遗漏了什么。

我不是说唯物主义是错误的，我也不希望它是错误的。毕竟，唯物主义的宇宙足够令人惊叹。想象一下，我们只不过是分子聚集在一起并通过亿万年的自然选择而生成的产物，我们只是由亿万个运动的细胞和在细胞间通行的体液及化学物质的高速公路组成，数万亿个突触同时在低声交谈，大脑中大量神经纤维组成的微米级电路以现代科学做梦都想不到的算法运行着，而正是这些神经程序导致我们产生了决策、爱、欲望、恐惧和抱负。

对我而言，这种理解是一种神秘的体验，比任何人提出的任何事情都要好。在当今科学的界限之外存在着什么事物，需要留待后人去解决，即使答案符合唯物主义的观点，那也足够了。

阿瑟·克拉克（Arthur C. Clarke）喜欢强调任何足够先进的技术与魔法很像。我不认为人类被"废黜"令人沮丧，我认为这很神奇。我们在本书中已经看到，我们称为"自己"的生物流体袋包含的所有内容已经远远超出我们的直觉，大规模的交互作用已经超出了我们的思考能力，超出了我们的内省，是"超越我们的东西"。我们本身这个系统如此复杂，就像克拉克的魔法一般。正如那句俏皮话所说：如果我们的大脑简单到可以被理解，我们就不会聪明到足够理解它们。

宇宙大到超出我们的想象，同样，我们自己也比内省所直觉到的更广阔。我们刚看到内部世界的广阔空间。这个内在的、隐蔽的、与我们关系无比密切的宇宙有着自己的目标、命令和逻辑。大脑是一个让我们感到陌生和奇怪的器官，但正是其细致的布线图塑造了我们的内心世界。大脑多么令人困惑，而我们生活在一个拥有研究技术和意愿的时代又是多么幸运！**它是我们在宇宙中发现的最奇妙的东西，它就是我们自己。**

本书的作者大卫·伊格曼是一个让人充满惊喜的人。

本书中有不少是脑科学研究的最前沿的成果，能在一本畅销书里读到这些内容并把这些文字翻译出来呈现给读者，实在是一件幸事。

在翻译本书的时候，我脑中作者的形象是这样的：欧洲某资深学府的一位老教授，以特殊的身份亲自经历了脑科学一步一步的发展，并且紧跟前沿，把最深奥的原理用最恰当的例子呈现出来。他十分讲究措辞，除了科学家的身份，他一定也是一位文学爱好者，可能经常出没在莎翁剧场，并且可能以孩子们最喜闻乐见的形象出现在每年的圣诞科学秀节目上。

带着这样的设想，我搜寻了作者的信息，才发现我只猜对了一半，而没有猜对的另一半让我惊讶不已。作者确实做过 BBC 的一档节目，叫作《深入大脑》（*The Brain with David Eagleman*，2015），并且收获了无数好评。但是，他竟然是一位年轻的美国科学家，而并非我想象中的英国老学究形象，并且阳光帅气。在节目中，他对大脑的解说让人觉得仿佛在看一档魔术节目，引人入胜、耐人寻味。

翻译伊格曼的文字，感觉他对英文语言的掌握比大多数科普作家高了一个层次，他的作品文字精妙，表达细腻，作者为科学赋予的诸多情节，使作品妙趣横生。查阅他的简历后我发现，他本科曾在牛津大学攻读英美文学，如果没有投身于脑科学，他完全有可能成为一名小说家，甚至一名诗人。

伊格曼带来的惊奇远不止于此。他不是一位独善其身的科学家，而是一位怀揣着对人类未来的关爱的守望者。他不仅是斯坦福大学的客座教授，也是 LONG NOW 基金会（关注人类未来可持续发展的非营利组织，反对后工业时代快餐式的消费及生活方式）中最年轻的成员，心智科学基金会的首席科学顾问。同时，他还创立了自己的公司——NeoSensory 公司，专门致力于研究人类的感知觉，并且帮助失去知觉的人们通过神经科学手段恢复感知。在本书的第 2 章中，他把视觉的形成机制用鲜为人知的例子层层剥开，最终告诉大家我们习以为常的视觉实际上非常复杂，除了作为感受器的眼睛的工作，大多数工作需要在大脑中通过不同脑区合作完成。不同的时期形成不同的功能，一个早期失明的人，即便成年之后通过视网膜手术恢复了视力，也不能马上恢复视觉。通过研究视觉与触觉的联觉效应，他的公司开发出了帮助盲人"看见"周围环境、避免碰撞的机器。

伊格曼是 TED 演讲者、作家、神经科学家，曾被意大利的时尚杂志评为"最智慧、最有型"的科学家。他的文字被翻译成了 30 多种语言，影响着世界各国的读者。他并没有很多学术作品，但是他对视觉以及联觉的阐释简洁明了，读者读本书的几页文字远胜过读几十篇学术论文。在这本书里，他也直接挑战了当下教科书里对神经科学的简化和误导，读起来可谓醍醐灌顶。他的论述很有说服力，到底是对是错，还是留给读者自己去评判吧！

翻译这本书，前前后后花了很长时间。感谢清华大学心理学系的黄威、文雅宁、杨馥坤、陈嘉懿等学生的帮助，感谢王思路同学对文字的润色以及在我生宝宝时帮我完成最后的文字校对。感谢湛庐的编辑对稿件的督促和质量把控。没有你们，我很难在兼顾教学、科研和家庭的同时按期翻译完这本书。

希望这本书能够为国内的读者开启一扇通向理解大脑、意识和心智的大门，让科学流行起来，让我们对 1 立方厘米内的自我更加熟悉。

未来，属于终身学习者

我们正在亲历前所未有的变革——互联网改变了信息传递的方式，指数级技术快速发展并颠覆商业世界，人工智能正在侵占越来越多的人类领地。

面对这些变化，我们需要问自己：未来需要什么样的人才？

答案是，成为终身学习者。终身学习意味着永不停歇地追求全面的知识结构、强大的逻辑思考能力和敏锐的感知力。这是一种能够在不断变化中随时重建、更新认知体系的能力。阅读，无疑是帮助我们提高这种能力的最佳途径。

在充满不确定性的时代，答案并不总是简单地出现在书本之中。"读万卷书"不仅要亲自阅读、广泛阅读，也需要我们深入探索好书的内部世界，让知识不再局限于书本之中。

湛庐阅读 App: 与最聪明的人共同进化

我们现在推出全新的湛庐阅读 App，它将成为您在书本之外，践行终身学习的场所。

- 不用考虑"读什么"。这里汇集了湛庐所有纸质书、电子书、有声书和各种阅读服务。
- 可以学习"怎么读"。我们提供包括课程、精读班和讲书在内的全方位阅读解决方案。
- 谁来领读？您能最先了解到作者、译者、专家等大咖的前沿洞见，他们是高质量思想的源泉。
- 与谁共读？您将加入优秀的读者和终身学习者的行列，他们对阅读和学习具有持久的热情和源源不断的动力。

在湛庐阅读 App 首页，编辑为您精选了经典书目和优质音视频内容，每天早、中、晚更新，满足您不间断的阅读需求。

【特别专题】【主题书单】【人物特写】等原创专栏，提供专业、深度的解读和选书参考，回应社会议题，是您了解湛庐近千位重要作者思想的独家渠道。

在每本图书的详情页，您将通过深度导读栏目【专家视点】【深度访谈】和【书评】读懂、读透一本好书。

通过这个不设限的学习平台，您在任何时间、任何地点都能获得有价值的思想，并通过阅读实现终身学习。我们邀您共建一个与最聪明的人共同进化的社区，使其成为先进思想交汇的聚集地，这正是我们的使命和价值所在。

CHEERS

湛庐阅读 App
使用指南

读什么
· 纸质书
· 电子书
· 有声书

怎么读
· 课程
· 精读班
· 讲书
· 测一测
· 参考文献
· 图片资料

与谁共读
· 主题书单
· 特别专题
· 人物特写
· 日更专栏
· 编辑推荐

谁来领读
· 专家视点
· 深度访谈
· 书评
· 精彩视频

HERE COMES EVERYBODY

下载湛庐阅读 App
一站获取阅读服务

版权所有，侵权必究

本书法律顾问　北京市盈科律师事务所　崔爽律师

INCOGNITO

Copyright © 2011, David Eagleman

All rights reserved.

浙江省版权局图字：11-2024-207

本书中文简体字版经授权在中华人民共和国境内独家出版发行。未经出版者书面许可，不得以任何方式抄袭、复制或节录本书中的任何部分。

图书在版编目（CIP）数据

1立方厘米银河系的我/（美）大卫·伊格曼著；钱
静译. — 杭州：浙江科学技术出版社，2024.11（2025.1重印）
ISBN 978-7-5739-1390-6
Ⅰ . Q954.5-49
中国国家版本馆 CIP 数据核字第 2024YB1188 号

书　　名	1立方厘米银河系的我	
著　　者	[美]大卫·伊格曼	
译　　者	钱静	

出版发行　**浙江科学技术出版社**
　　　　　地址：杭州市环城北路 177 号　邮政编码：310006
　　　　　办公室电话：0571-85176593
　　　　　销售部电话：0571-85062597
　　　　　E-mail:zkpress@zkpress.com
印　　刷　河北鹏润印刷有限公司

开　　本	710mm×965mm　1/16		印　　张	15	
字　　数	225 千字		插　　页	1	
版　　次	2024 年 11 月第 1 版		印　　次	2025 年 1 月第 2 次印刷	
书　　号	ISBN 978-7-5739-1390-6		定　　价	79.90 元	

责任编辑　陈　岚		**责任美编**　金　晖	
责任校对　张　宁		**责任印务**　吕　琰	